Messen im Gelände

Hans-Ulrich Pfretzschner

Messen im Gelände

 Springer Spektrum

Hans-Ulrich Pfretzschner
Eberhard Karls Universität Tübingen
Tübingen, Deutschland

ISBN 978-3-662-46261-4   ISBN 978-3-662-46262-1 (eBook)
https://doi.org/10.1007/978-3-662-46262-1

Die Deutsche Nationalbibliothek verzeichnet diese Publikation in der Deutschen Nationalbibliografie; detaillierte bibliografische Daten sind im Internet über http://dnb.d-nb.de abrufbar.

Springer Spektrum

Planung: Stefanie Wolf

Gedruckt auf säurefreiem und chlorfrei gebleichtem Papier

Springer Spektrum ist Teil von Springer Nature
Die eingetragene Gesellschaft ist Springer-Verlag GmbH Deutschland
Die Anschrift der Gesellschaft ist: Heidelberger Platz 3, 14197 Berlin, Germany

Vorwort

Geologie und Paläontologie gehören zu den messenden Naturwissenschaften. Neben qualitativen Beobachtungen ist vor allem die Kartierung ein zentrales Element in der Geländearbeit der Geowissenschaften. Hierzu ist es notwendig, die qualitativen wie auch die quantitativen Daten, die man im Gelände gewonnen hat, in eine Karte und damit in ein Koordinatensystem zu übertragen. Dabei spielt es keine Rolle, ob es sich um eine klassische Diplomkartierung handelt oder um die Datenaufnahme bei einer Dinosauriergrabung. Insbesondere der vermehrte Einsatz von Computern bei der Datenauswertung, die Einbindung der Geländebeobachtungen in digitale Karten oder Geländemodelle und die graphische Umsetzung oder die statistische Auswertung der gewonnenen Geländedaten mit den Mitteln der EDV verlangen mehr und mehr die Aufnahme quantitativer Daten im Gelände.

Das vorliegende Buch möchte den Studentinnen und Studenten der Geowissenschaften die grundlegenden Techniken der Aufnahme geodätischer Daten (Lagemaße, Höhenmaße, Richtungen, Entfernungen), die Umsetzung solcher Daten in topographische Karten und Höhenprofile (z. B. für die Aufschlusskartierung), aber auch die grundlegenden geologischen Messtechniken (Fallen und Streichen von Gesteinsschichten, Einmessen von Linearen) und die Erstellung geologischer Profile erläutern. Hierbei sollen sowohl einfache „Freihandtechniken", die auch von einer Person beim Prospektieren angewendet werden können, wie auch der Einsatz professioneller Präzisionsinstrumente beschrieben werden. Bei letzteren beschränkt sich die Darstellung bewusst auf die rein optisch-mechanischen Geräteausführungen ohne digitale Bedienungselemente, da sie die Messprinzipien am besten vermitteln und außerdem der Umstieg auf digital unterstützte Geräte relativ einfach zu bewältigen ist. Außerdem ist es schwieriger, bei Bedarf mit mechanischen Geräten umzugehen, wenn man nur die automatischen digitalen Geräte gewöhnt ist.

In Kap. 1 werden Kartenkoordinatensysteme und der Umgang mit Kartenkoordinaten vorgestellt. Kap. 2 bietet eine detaillierte Darstellung der für die Geowissenschaftlerin bzw. den Geowissenschaftler wichtigen geodätischen wie auch geologischen Messtechniken sowie eine kurze Einführung in die Erstellung geologischer Profile. In Kap. 3 werden verschiedene Typen von Messgeräten sowie ihr Aufbau, ihre Funktion und ihre Handhabung beschrieben. Das Zubehör zu Vermessungsarbeiten wird in Kap. 4 erläutert. Im Literaturverzeichnis am Ende des Buches finden sich Bücher, die der interessierten Leserin bzw. dem interessierten Leser zur Begleitung und Vertiefung empfohlen werden.

Im gesamten Buch wurde großer Wert darauf gelegt, dass die praktische Anwendung im Vordergrund steht. Es werden daher alle notwendigen Handgriffe ausführlich dargestellt, und alle für die Auswertung der Messungen notwendigen Formeln finden sich im Text an entsprechender Stelle. Zum besseren Verständnis wurden auch zahlreiche Zahlenbeispiele eingefügt, damit der Gang der rechnerischen Auswertung verständlicher ist. Für die komplizierteren Verfahren stehen zur weiteren Vereinfachung der Auswertung Excel-Auswertebögen auf der Produktseite zum Buch (http://www.springer.com/978-3-662-46261-4) zum Herunterladen zur Verfügung.

Schließlich möchte ich mich noch bei allen herzlich bedanken, die mich tatkräftig bei der Realisierung dieses Buches unterstützt haben. Hier wäre zunächst meine Tochter Ronja Pfretzschner zu nennen, die mir eine große Hilfe bei der Erstellung vieler Abbildungen war. Des Weiteren hat Frau Dipl.-Geol. Juliane Hinz mir immer wieder bei technischen Problemen mit dem Computer und dem Datentransfer zuverlässig und schnell geholfen. Dem Landesamt für Geoinformation und Landentwicklung in Stuttgart danke ich für die Überlassung der Abdruckgenehmigung von Auszügen aus topographischen Karten Baden Württembergs und dem Deutschen Alpenverein DAV für die Erlaubnis, den sehr nützlichen und vielfältig einsetzbaren Planzeiger abbilden zu dürfen. Den Firmen FPM Holding GmbH, F. W. Breithaupt & Sohn GmbH & Co. KG, Brunton (USA), Büchi Optik (Schweiz), Suunto Oy (Finnland), Kasper & Richter GmbH Co KG und Glunz Technik GmbH danke ich für die Überlassung von Bildmaterial und die Genehmigung der Abdruckrechte. Hierdurch konnte der Teil Instrumentenkunde sehr reichhaltig mit aktuellen Modellen von Instrumenten bebildert werden. Last but not least möchte ich dem Springer-Verlag und hier besonders dem Redaktionsteam herzlich für die große Geduld mit mir und die schnelle und freundliche Beratung danken, mit der sie mich durch den mühsamen Entstehungsprozess des Buches begleitet haben.

Inhaltsverzeichnis

Die Basis für die geologische Geländearbeit ist die topographische Karte (TK). Alle Beobachtungen im Gelände werden auf die Karte bezogen dokumentiert. Deshalb ist es unbedingt notwendig, dass Studierende der Geowissenschaften sicher mit topographischen Karten umzugehen verstehen. Da in diesem Buch der praktische Aspekt im Vordergrund steht, wird hier auf die Grundlagen der Kartographie nur so weit eingegangen, wie es für die Geländearbeit notwendig ist. Eine topographische Karte ist eine verkleinerte Projektion der Geländeeigenschaften auf eine Ebene. Durch die Verkleinerung ist es unumgänglich, einige Eigenschaften aus der Vielfalt der in der Natur vorhandenen Objekte für die Darstellung in der Karte auszuwählen. Die topographische Karte ist also ein vereinfachtes Geländemodell.

Des Weiteren ist die Darstellung vieler Details mehr oder weniger abstrahiert, um die Karte übersichtlich zu gestalten. Dies erfordert eine Dokumentation der Darstellung in Form einer Legende, die jeder guten Karte beigefügt ist. Dabei muss beachtet werden, dass feine Details oft übertrieben groß dargestellt werden, damit sie gut erkennbar sind. So wird zum Beispiel auf einer TK25 eine 7,5 m breite Straße als eine 0,7 mm breite Linie dargestellt, was in der Natur einer Straßenbreite von 17,5 m entspräche. Es macht also keinen Sinn, Kompasspeilungen auf der Karte auf den rechten oder linken Straßenrand zu beziehen. Bei klei-

© Springer-Verlag GmbH Deutschland 2018
H.-U. Pfretzschner, *Messen im Gelände*, https://doi.org/10.1007/978-3-662-46262-1_1

nen Straßen und Wegen bezieht man diese immer auf die Mittellinie des Straßenbildes auf der Karte.

Grundlage des amtlichen deutschen Kartensystems ist die TK25 im Maßstab 1:25.000, die von den Landesvermessungsämtern herausgegeben wird. Der Kartenmaßstab gibt das Verhältnis einer Strecke auf der Karte im Vergleich zu derselben Strecke in der Natur an. Der Maßstab M = 1:25.000 bedeutet: 1 cm auf der Karte entspricht 25.000 cm = 250 m in der Natur:

$$M = \frac{\text{Kartenmaß}}{\text{Naturmaß}}.$$

Je größer der Maßstab einer Karte ist, desto kleiner ist das auf ihr abgebildete Gebiet, und desto mehr Details sind in der Karte verzeichnet. Gebräuchlich sind neben der TK25 auch die Maßstäbe 1:50.000 (TK50) und 1:100.000 (TK100).

Karte	1 km im Gelände entspricht auf der Karte
TK25	4 cm
TK50	2 cm
TK100	1 cm

Man spricht deshalb auch von 1-cm-Karten, 2-cm-Karten etc., anstatt den Maßstab anzugeben.

Bei der Ermittlung von Flächen aus einer Karte ist die Maßstabsformel zu quadrieren:

$$M^2 = \frac{(\text{Kartenmaß})^2}{(\text{Naturmaß})^2} = \frac{\text{Kartenfläche}}{\text{Naturfläche}}.$$

Die topographischen Karten sind nach einem System vierstelliger Zahlen nummeriert. Die zwei letzten Ziffern steigen von West nach Ost und die zwei ersten Ziffern von Nord nach Süd an. Die TK25 trägt nur die vierstellige Zahl, die TK50 hat ein L davorgestellt und die TK100 ein C. Eine Übersicht über die Lage der Blätter der angrenzenden Region findet sich auf der Kartenrückseite. Die Anschlussblätter der topographischen Karten überlappen nicht.

1.1 Koordinaten

Die Lage eines Punktes auf einer Fläche kann durch die Angabe von zwei Zahlen, den Koordinaten, eindeutig festgelegt werden. Dabei ist zu beachten, dass auf einer topographischen Karte unterschiedliche Koordinatensysteme zur Anwendung kommen. Grundsätzlich können entweder die *geographischen Koordinaten des Erdellipsoids* oder ein *ebenes rechtwinkliges Koordinatennetz* aufgedruckt sein (Abb. 1.1).

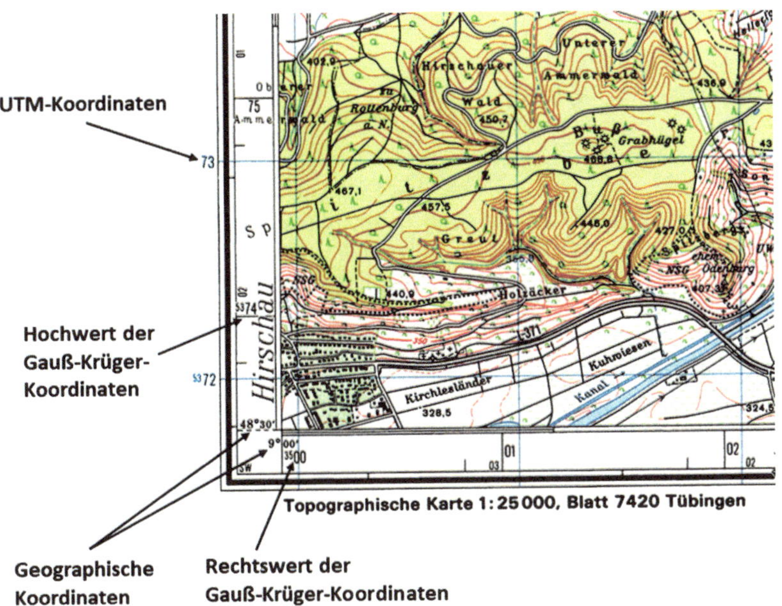

Abb. 1.1 Ausschnitt aus der topographischen Karte Baden-Württemberg 1:25.000, Blatt 7420 „Tübingen": *linke untere Kartenecke* (SW-Ecke) mit dem entsprechenden Ausschnitt des Kartenrahmens. Das *blau* gedruckte Gitternetz sind die UTM-Koordinaten, während die Gauß-Krüger-Koordinaten und die geographischen Koordinaten nur im Kartenrahmen angerissen sind. (Grundlage: Topographische Karte 1:25.000 – © Landesamt für Geoinformation und Landentwicklung Baden-Württemberg (www.lgl-bw.de), 09.2017, Az.: 2851.2-D/812)

1.1.1 Geographische Koordinaten

Geographische Koordinaten sind *Kugelkoordinaten* und damit Winkelangaben. Die Werte werden in Grad (°), Minuten (′) und Sekunden (″) oder in Grad mit mehreren Dezimalstellen angegeben. 1° wird in 60 min unterteilt (1° = 60′), und 1 min umfasst wiederum 60 s (1′ = 60″). Die *geographische Breite* φ bezeichnet den Winkel zwischen der Äquatorebene und der Flächennormalen im Bezugspunkt. Sie wird vom Äquator (= 0°) bis zum Nordpol (90° N) bzw. bis zum Südpol (90° S) gezählt. Die Breitenkreise sind keine Großkreise, und sie sind äquidistant (1′ = 1,852 km = 1 Seemeile).

Die *geographische Länge* λ ist der Winkel zwischen einem Nullmeridian und der im Bezugspunkt errichteten Meridianebene. Sie wird vereinbarungsgemäß von dem Nullmeridian, d. h. dem Großkreis, der durch den Nordpol, den Südpol und die Sternwarte von Greenwich läuft, nach Osten und nach Westen jeweils bis 180° gezählt (180° Ost = 180° West). Längengrade sind Großkreise, d. h., ihre Distanz entspricht *nur am Äquator* für 1′ Längendifferenz *einer Seemeile* (1,852 km). In höheren Breiten nimmt ihre Distanz gemäß der Gleichung

$$1' = 1,852 \text{ km} \cdot \cos \varphi$$

ab (Meridiankonvergenz). Am Unterrand der von Blatt 7420 „Tübingen" liest man die geographische Breite 48° 30′ N ab und erhält eine Meridiandistanz von

$$1852 \text{ m} \cdot \frac{\cos (48,5°)}{25.000} = 0,049 \text{ m} = 4,9 \text{ cm}$$

pro Minute, entsprechend 1227 m in der Natur. Die geographischen Koordinaten sind im Kartenrahmen der TK25 innen abgetragen, aber nicht als Koordinatengitter im Kartenbild enthalten. Aufgrund der Meridiankonvergenz sind der rechte und linke Kartenrand nicht genau parallel. Die topographische Karte ist am oberen Rand etwas schmaler als am unteren Rand. Für das Kartenbild des Blattes 7420 „Tübingen" der TK25 macht der Unterschied etwa 2 mm aus. Geographische Koordinaten sind kein kartesisches Koordinatensystem. Deshalb sind Entfernungsberechnungen auf der Basis rechtwinkliger Dreiecke (Satz des Pythagoras) mit geographischen Koordinaten nicht zulässig.

1.1.2 Projektionen

Gauß-Krüger-Koordinaten und UTM-Koordinaten sind die Gitternetze einer winkeltreuen Projektion der Erdkugel auf die Ebene. Beide Koordinatensysteme sind somit *kartesische Koordinatensysteme*. Die Erdoberfläche wird dabei in mehrere Zonen unterteilt, vergleichbar einer Orange, deren Schale man in Segmente zerschneidet, um sie zu schälen. Während auf den aktuellen topographischen Karten das UTM-Gitter als blaues Gitternetz aufgedruckt ist, um GPS-Koordinaten schnell aufzufinden, ist auf vielen geologischen Karten noch das Gauß-Krüger-Gitter eingezeichnet (Abb. 1.1), und in der älteren Literatur finden sich auch nur die Gauß-Krüger-Koordinaten bei Aufschlussbeschreibungen. Es ist deshalb wichtig, sich mit beiden Koordinatensystemen auseinanderzusetzen.

1.1.2.1 Gauß-Krüger-Koordinaten

Im Falle der Gauß-Krüger-Koordinaten sind die einzelnen Zonen $3°$ breit. Die Hauptmeridiane liegen also bei $3°$, $6°$, $9°$ etc. Länge.

Jeder Hauptmeridian trägt eine Kennziffer, z. B.:

- Hauptmeridian $3°$: Kennziffer 1
- Hauptmeridian $6°$: Kennziffer 2
- Hauptmeridian $9°$: Kennziffer 3

Die Entfernung des Punktes vom Hauptmeridian in Meter (Vorzeichen: östlich $+$, westlich $-$) $+$ 500.000 m ergeben zusammen mit der vorangestellten Kennziffer den *Rechtswert*.

Beispiel 3.502.123: Kennziffer 3 = Hauptmeridian $9°$, Entfernung zwischen Hauptmeridian und Standort in West-Ost-Richtung: 502.123 − 500.000 = 2123 m.

Der *Hochwert* gibt den Abstand zum Äquator in Kilometer an.

Beispiel 5.383.425: Die Entfernung zum Äquator beträgt 5.383.425 m oder 5383,425 km.

1.1.2.2 UTM-Koordinaten

Die Zonen sind 6° breit. Die Hauptmeridiane liegen bei 3°, 9°, 15° etc.
Länge. Sie erhalten von West nach Ost, beginnend von 177° West, eine
fortlaufende Nummer:

$$\text{Mittelmeridian} = (\text{Zonennummer} \cdot 6) - 183$$

Zusätzlich werden jeweils 8° breite Breitenzonen mit Buchstaben von
A bis Z (ohne O und I) vom Südpol bis zum Nordpol benannt. Die
6° breiten Zonenstreifen und 8° breiten Bänder ergeben Zonenfelder.
Deutschland liegt überwiegend in den Zonenfeldern 32 und 33 U. Die
Zonenfelder werden weiter in Teilfelder unterteilt (Abb. 1.2 und 1.3.).

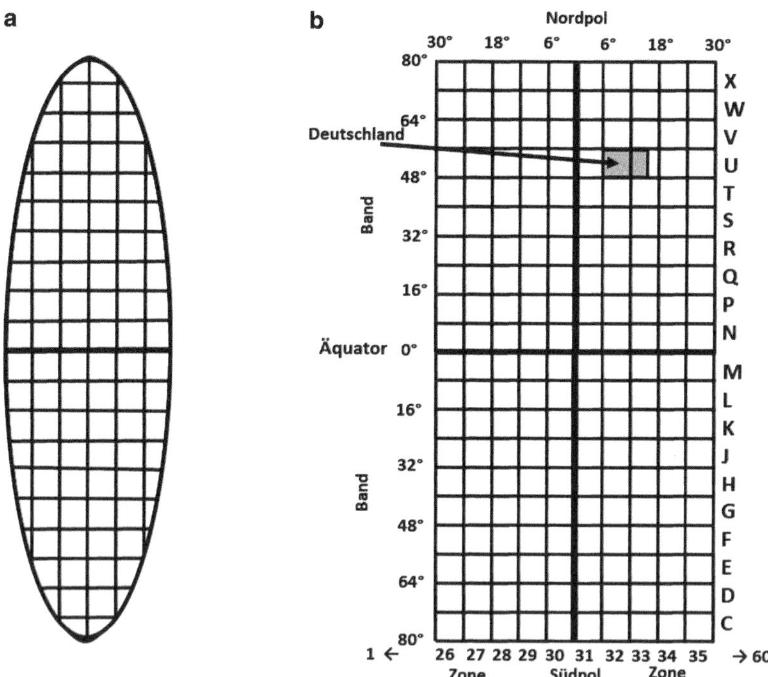

Abb. 1.2 a UTM-Meridianstreifen. **b** UTM-Gitterbezeichnungen; der Gitterbereich
für Deutschland ist hervorgehoben

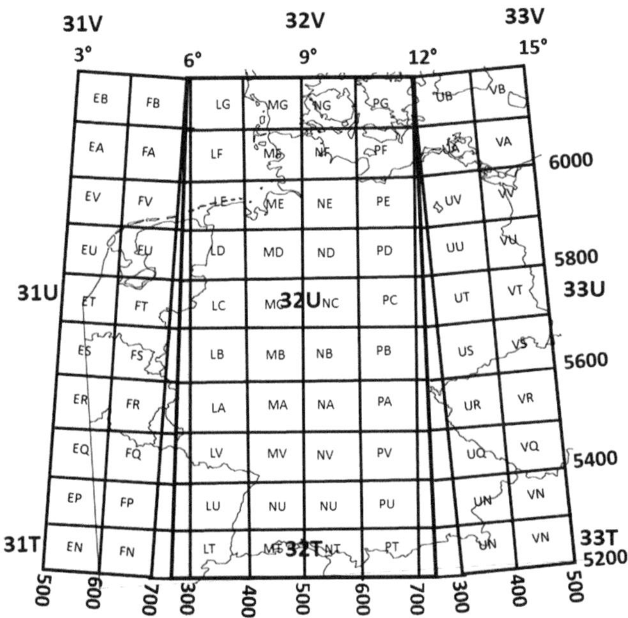

Abb. 1.3 UTM-Gitter mit den 100-km-Quadraten im Bereich von Deutschland sowie
deren Benennungen

Der *Ostwert* gibt wieder den Abstand vom Mittelmeridian in Meter
an (östlich +, westlich −) + 500.000 m.

Beispiel 504040: Die Entfernung vom Hauptmeridian beträgt 504.040 −
500.000 = 4040 m.

Der *Nordwert* gibt den Abstand vom Äquator in Meter an. Zur Ver-
meidung negativer Werte werden bei den Werten südlich des Äquators
10.000.000 m hinzugezählt.

Beispiel 5.374.510: Die Entfernung zum Äquator beträgt 5.374.510 m
oder 5374,51 km.

Zu beachten ist, dass aufgrund unterschiedlicher zugrunde liegender
Ellipsoide sind Gauß-Krüger-Koordinaten und UTM-Koordinaten *nicht*

kompatibel (Abb. 1.1) sind. Sie müssen daher mit einer Transformationsvorschrift oder einem Softwareprogramm ineinander umgerechnet werden.

1.2 Planzeiger

Die Koordinaten eines Geländepunktes können bequem mit einem Planzeiger aus der Karte entnommen werden. Üblicherweise sind Planzeiger erhältlich, die zwei senkrecht aufeinander stehende Maßskalen mit 50-m-Teilung (Maßstab 1:25.000) oder mit 100-m-Teilung (Maßstab 1:50.000) besitzen. Sie eignen sich zur Bestimmung von Gauß-Krüger-Koordinaten und UTM-Koordinaten auf topographischen Karten des genannten Maßstabs. Planzeiger für Gauß-Krüger- und UTM-Koordinaten sind bei guten Linealkompassen für die Kartenmaßstäbe 1:25.000 und 1:50.000 auf der durchsichtigen Kompassbasisplatte eingraviert. Das ideale Instrument für die Kartenarbeit ist der mit vielen Funktionen ausgestattete Planzeiger des Deutschen Alpenvereins (DAV) (Abb. 1.4).

Man kann sich einen einfachen Planzeiger auch leicht auf dem Computer selbst herstellen und so weit verkleinern bzw. vergrößern, bis der Maßstab mit dem der Karte übereinstimmt. Die Handhabung wird erleichtert, wenn man den Planzeiger dann auf eine Overhead-Folie kopiert. Ein Planzeiger wird zunächst mit der horizontalen Skala an die nächste unter dem Geländepunkt gelegene Gitterlinie gelegt und dann so weit entlang dieser Linie verschoben, bis die vertikale Skala über dem Geländepunkt zu liegen kommt. Dann liest man auf der horizontalen Skala die Entfernung zur nächsten linken Gitterlinie ab, zählt die Entfernung in Metern zu der Koordinatenangabe dieser Gitterlinie hinzu und erhält so den Ostwert. Auf der vertikalen Skala liest man die Entfernung von der unteren Gitterlinie ab, zählt den Wert zu deren Koordinatenangabe am Kartenrand hinzu und erhält den Nordwert.

Beispiel Es sollen die UTM-Koordinaten des Westturms der Burg Hohenzollern bestimmt werden (Abb. 1.5). Der Planzeiger wird mit der horizontalen Skala an die Gitterlinie mit den UTM-Koordinaten 5352 angelegt und so weit verschoben, bis die vertikale Skala über dem Turm verläuft. Der Ostwert ergibt sich aus der Summe der Koordinatenangabe

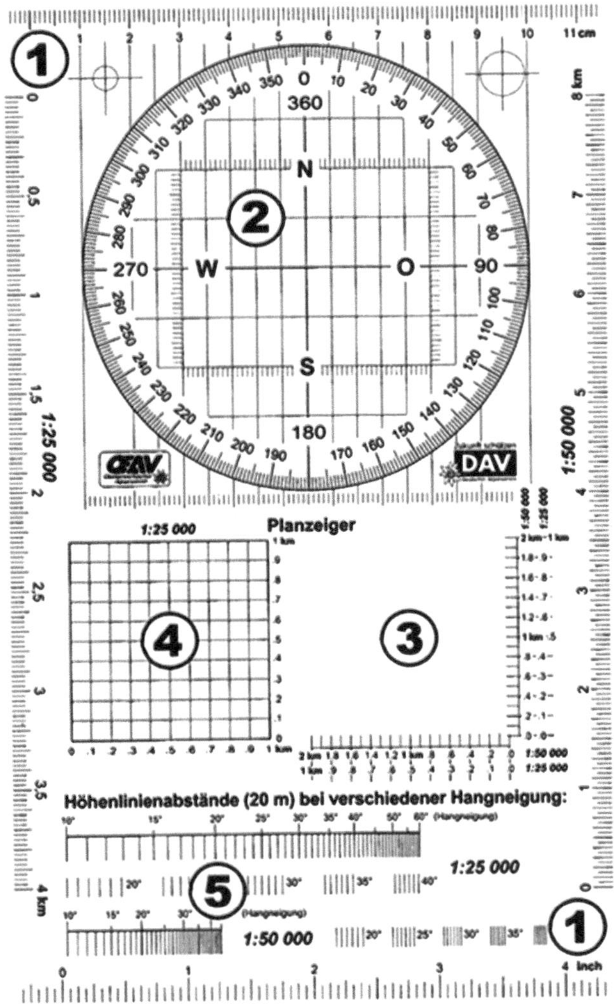

Abb. 1.4 Planzeiger des Deutschen Alpenvereins (DAV). Mit ihm können Distanzen (*1*), Richtungswinkel (*2*), Koordinaten (*3* und *4*) sowie Geländeneigungen (*5*) direkt aus der Karte ermittelt werden. (© Deutscher Alpenverein, mit freundlicher Genehmigung)

Abb. 1.5 Benutzung des Planzeigers. Das Bild zeigt einen vergrößerten Ausschnitt aus TK25, Blatt 7619 „Hechingen". Es sollen die UTM-Koordinaten des Eckturms der Burg Hohenzollern (*Pfeilspitze*) bestimmt werden. (Grundlage: Topographische Karte 1:25.000 – © Landesamt für Geoinformation und Landentwicklung Baden-Württemberg (www.lgl-bw.de), 09.2017, Az.: 2851.2-D/812)

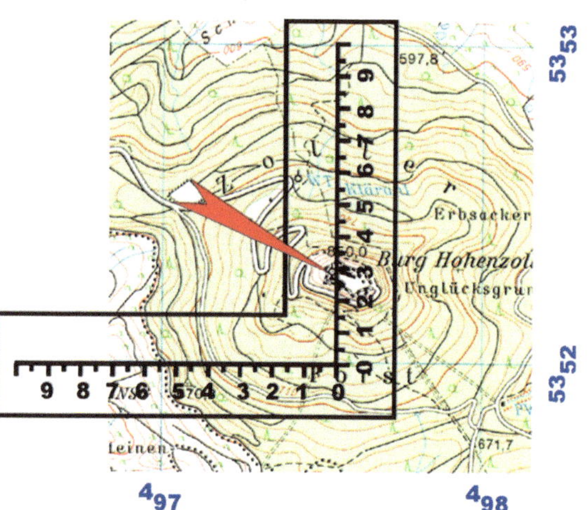

der Gitterlinie links vom Geländepunkt (497.000) und der Ablesung der horizontalen Skala 545 m zu 497.545. Den Nordwert erhält man aus der Summe der Koordinaten der unteren Linie 5.352.000 und der Ablesung der vertikalen Skala 290 m zu 5.352.290.

Planzeiger kann man sich auch für das Gitter der geographischen Koordinaten herstellen. Diese teilt man dann vorzugsweise in Grad, Minuten und Sekunden ein.

Steht kein Planzeiger zur Verfügung, so müssen die Entfernungen mit einem Zentimetermaß abgemessen und gemäß dem Kartenmaßstab umgerechnet werden.

1.3 Richtungen und Entfernungen

1.3.1 Nordrichtungen

Es gibt drei verschiedene *Nordrichtungen* (Abb. 1.6):

- *Magnetisch Nord (MN):* Richtung zum magnetischen Nordpol. Diese liegt neben dem geographischen Nordpol und wandert im Laufe der Zeit. Die Richtung wird von der Kompassnadel angezeigt.

- *Geographisch Nord (GgN):* Richtung zum geographischen Nordpol ($\varphi = 90$, $\lambda = 0$). Bei der TK25 wird die geographische Nordrichtung durch den rechten und linken Kartenrand wiedergegeben. (Zeichnet man das geographische Gitter in die Karte ein, so geben die senkrechten Gitterlinien ebenfalls die geographische Nordrichtung an.)
- *Gitternord (GiN):* Richtung der senkrechten Gitterlinien des UTM- bzw. Gauß-Krüger-Koordinatennetzes.

Dementsprechend gibt es folgende *Abweichungen (Missweisungen)* zu berücksichtigen (Abb. 1.6):

- *Deklination (D):* Abweichung der Magnetnadel von der geographische Nordrichtung = Winkel zwischen GgN und MN, gemessen von GgN nach Osten +, nach Westen – (ändert sich im Laufe der Zeit).
- *Nadelabweichung (d):* Abweichung der Magnetnadel von Gitternord = Winkel zwischen GiN und MN, gemessen von GiN nach Osten +, nach Westen – (ändert sich im Laufe der Zeit).
- *Meridiankonvergenz (c):* Abweichung des Gitternord von der geographischen Nordrichtung = Winkel zwischen GiN und GgN, gemessen

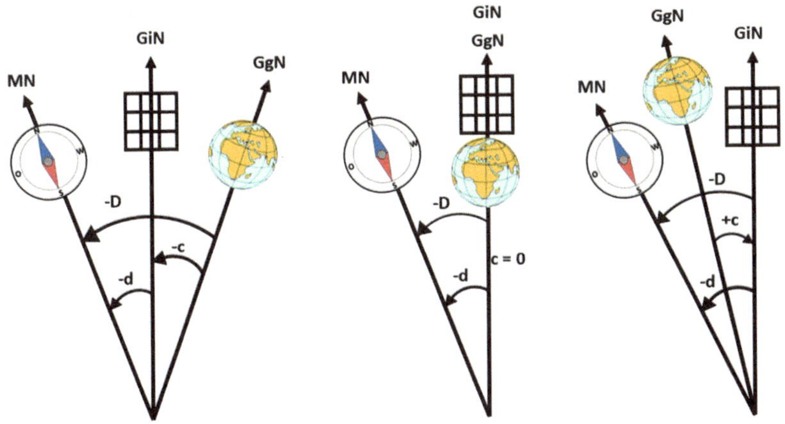

Abb. 1.6 Die drei Nordrichtungen magnetisch Nord (MN), geographisch Nord (GgN) und Gitternord (GiN) sowie die drei dazugehörigen Missweisungen Deklination (D), Nadelabweichung (d) und Meridiankonvergenz (c)

von GgN nach Osten $+$, nach Westen $-$. Für den Bezugsmeridian gilt GiN $=$ GgN, c $= 0$. Die Meridiankonvergenz ist fest gegeben und berechnet sich nach

$$c = \Delta\lambda \cdot \sin\varphi$$

wobei $\Delta\lambda$ die Längendifferenz des Ortsmeridians zum Hauptmeridian der betreffenden Zone und φ die geographische Breite bedeuten.

Die Meridiankonvergenz wird im Uhrzeigersinn gemessen, d. h., positive c bedeutet: Gitternord weicht nach Westen von geographisch Nord ab. Negative c bedeutet: Gitternord weicht nach Westen von geographisch Nord ab. Mit Hilfe der Meridiankonvergenz kann die Deklination in die Nadelabweichung umgerechnet werden und umgekehrt.

Aktuelle Werte zur Deklination lassen sich im Internet berechnen, z. B. bei NOAA Magnetic Field Calculators (http://www.ngdc.noaa.gov/geomag-web/).

1.3.2 Richtung und Entfernung berechnen

Da die UTM-Koordinaten und Gauß-Krüger-Koordinaten kartesische Koordinatensysteme darstellen, lassen sich auf bekannte Weise aus Koordinatenpaaren zweier Orte die zugehörige Distanz und Richtung errechnen.

Die *Entfernung* berechnet sich nach dem Lehrsatz des Pythagoras:

$$D = \sqrt{(\Delta x^2 + \Delta y^2)} = \sqrt{(\Delta O^2 + \Delta N^2)},$$

wobei O den Ostwert (oder Rechtswert) und N den Nordwert (oder Hochwert) bezeichnet.

Die *Richtung* ergibt sich zu

$$w = \tan^{-1}\left(\frac{\Delta x}{\Delta y}\right) = \tan^{-1}\left(\frac{\Delta O}{\Delta N}\right),$$

wobei $\tan^{-1}$ die Umkehrfunktion der Tangensfunktion ist (auf dem Taschenrechner oft auch als arctan bezeichnet).

Diese Gleichung gibt als Ergebnis die *Richtung* an, also den Winkel zwischen Pfeilrichtung und der Nordrichtung im Uhrzeigersinn gemessen. In der Geometrie wird ein *Winkel* jedoch von der x-Achse (Ostrichtung) im Gegenuhrzeigersinn gemessen. Man muss also streng unterscheiden, ob man mit einer Richtung oder dem Winkel im geometrischen Sinne rechnet. Die Umrechnung erfolgt mit folgenden Gleichungen:

$$\text{Richtung} = 450° - \text{geometrischer Winkel}$$

$$\text{Geometrischer Winkel} = 450° - \text{Richtung}.$$

Man kann auch die Koordinatentransformationsfunktion des Taschenrechners (*R,P-Transformation*) benutzen. Sie liefert den Winkel und die Entfernung in einem Rechenschritt.

Des Weiteren muss berücksichtigt werden, in welchem Quadranten der Winkel liegt. In einigen Fällen müssen noch Korrekturen um 180 oder 360° angebracht werden, wie die folgende Tabelle und die folgenden Beispiele verdeutlichen.

Um die Richtung (von N aus im Uhrzeigersinn gemessen) oder den Winkel aus x,y-Wertepaaren zu berechnen, muss Folgendes beachtet werden:

Quadrant	Δx	Δy	Richtung	Geometrischer Winkel
I (0–90°)	+	+	w	w
II (90–180°)	−	+	w + 360°	w + 180°
III (180–270°)	−	−	w + 180°	w + 180°
IV (270–360°)	+	−	w + 180°	w + 360°

Beispiel

$$\Delta x = 4$$
$$\Delta y = 2$$

Quadrant I
Richtung: $\tan^{-1} = (\Delta x / \Delta y) = 63,4°$
Winkel: $\tan^{-1} = (\Delta y / \Delta x) = 26,6°$

Beispiel

$$\Delta x = -3$$
$$\Delta y = 5$$

Quadrant II
Richtung: $\tan^{-1} = (\Delta x / \Delta y) + 360° = -31° + 360° = 329°$
Winkel: $\tan^{-1} = (\Delta y / \Delta x) + 180° = -59° + 180° = 121°$

Beispiel

$$\Delta x = -4$$
$$\Delta y = -3$$

Quadrant III
Richtung: $\tan^{-1} = (\Delta x / \Delta y) + 180° = 53° + 180° = 233°$
Winkel: $\tan^{-1} = (\Delta y / \Delta x) + 180° = 37° + 180° = 217°$

Beispiel

$$\Delta x = 5$$
$$\Delta y = -3$$

Quadrant IV
Richtung: $\tan^{-1} = (\Delta x / \Delta y) + 180° = -59° + 180° = 121°$
Winkel: $\tan^{-1} = (\Delta y / \Delta x) + 360° = -31° + 360° = 329°$

2.1 Fluchten

Mit Hilfe zweier Fluchtstäbe kann eine Strecke festgelegt werden, z. B. als Bezugsrichtung oder als Basisstrecke für die Geländeaufnahme. Das Ausstecken von Zwischenpunkten oder das Verlängern der Strecke mit weiteren Fluchtstäben wird als Fluchten bezeichnet. Der richtige Gebrauch des Fluchtstabes wird in Abschn. 4.1 beschrieben.

2.1.1 Zwischenfluchten mit zwei Personen

Gegeben sei eine Strecke, die bereits durch zwei Fluchtstäbe markiert ist. Eine Person A stellt sich 1–2 m hinter den Fluchtstab 1, und Person B steht im Bereich zwischen den Fluchtstäben 1 und 2, aber deutlich abseits der Geraden, und hält den Fluchtstab 3 im Pendelgriff, und zwar deutlich oberhalb der Stabmitte locker zwischen Zeigefinger und Daumen, so dass er sich in der Vertikalen einpendeln kann (Abb. 2.1). Die Person A visiert knapp an dem vor ihr stehenden Stab vorbei und dirigiert nun die Person B so lange vor und zurück, bis alle drei Fluchtstäbe in einer Reihe stehen.

© Springer-Verlag GmbH Deutschland 2018
H.-U. Pfretzschner, *Messen im Gelände*, https://doi.org/10.1007/978-3-662-46262-1_2

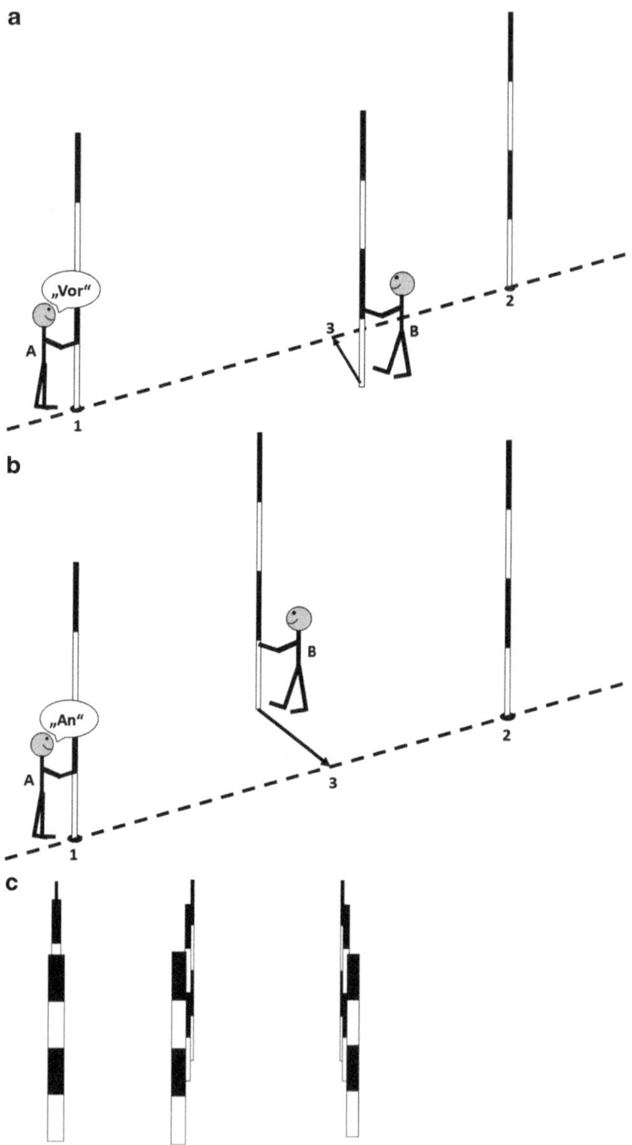

Abb. 2.1 Zwischenfluchten mit zwei Personen und Kontrolle des Ergebnisses

Anschließend peilt die erste Person auf der anderen Fluchtstabseite vorbei, prüft und gibt ggf. nochmals Anweisungen zum Versetzen des mittleren Stabes. Nun findet die abschließende Prüfung statt: Peilen zunächst über die drei Fluchtstäbe, dann links und schließlich rechts an den Stäben vorbei. Wenn alles stimmt, kann der Fluchtstab aufgestellt werden. Um die genaue Position zu markieren, lässt man den Stab aus dem Pendelgriff mit der Spitze auf den Boden fallen. Zum Aufstellen des Stabes in weichem Boden wird der Fluchtstab fest mit einer Hand gehalten und mit einer raschen Bewegung möglichst senkrecht genau in den markierten Punkt in den Boden getrieben. Eventuell ist dies ein paarmal zu wiederholen. Auf keinen Fall darf man den Stab mit beiden Händen in den Boden bohren, denn dann steht er garantiert nicht senkrecht! Ist der Boden zu fest (Fels, Asphalt etc.), so benutzt man ein Stabstativ und richtet den Stab mit dem Lattenrichter senkrecht aus, wobei man darauf achten muss, dass sich die Stabspitze nicht von dem ermittelten Aufsetzpunkt wegbewegt. Man erreicht dies, indem der Stab leicht mit der Spitze den Boden berührt und nur durch Bewegung des oberen Endes senkrecht ausgerichtet wird.

2.1.2 Zwischenfluchten mit einer Person und einem Winkelprisma

Der Beobachter stellt sich mit einem Winkelprisma, an welchem unten ein Schnurlot angebracht ist, im Bereich zwischen die Fluchtstäbe 1 und 2 abseits der Fluchtrichtung und hält das Prisma in Augenhöhe ca. 30 cm vor sich (Abb. 2.2). Durch Drehen des Oberkörpers wird zunächst Fluchtstab 1 in einem der Prismen sichtbar. Im anderen Prisma merkt er sich einen markanten Geländepunkt, blickt dann in die entsprechende Richtung und stellt fest, ob er vor oder hinter der Fluchtlinie steht. Daraufhin bewegt er sich in die entsprechende Richtung auf die Fluchtlinie zu, wobei er den ersten Stab im ersten Prisma immer im Auge behalten muss. Wenn schließlich beide Fluchtstäbe 1 und 2 in beiden Prismen sichtbar sind und übereinanderstehen, ist das Prisma eingefluchtet, und der Punkt unter dem Lot kann am Boden markiert werden.

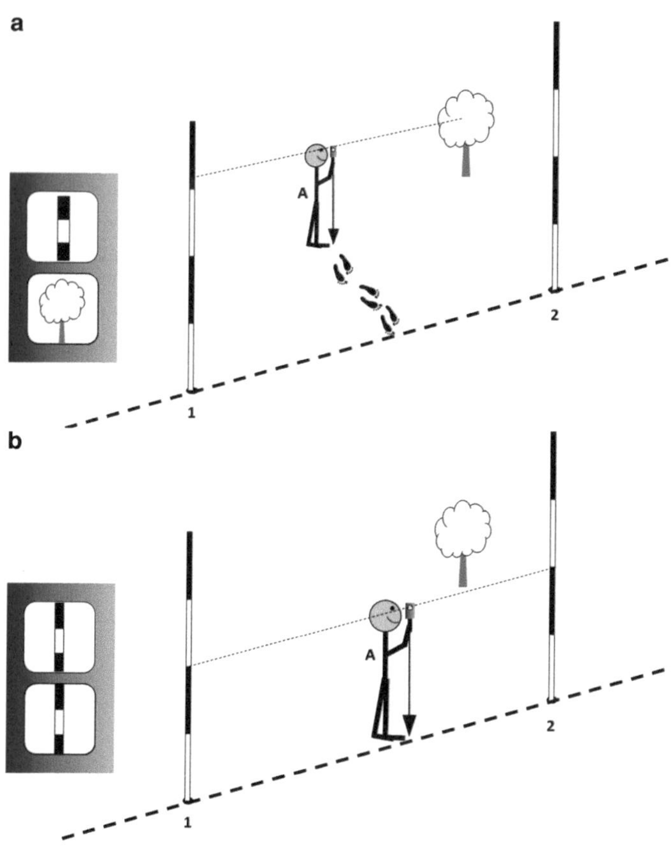

Abb. 2.2 Zwischenfluchten mit einer Person und einem Winkelprisma. **a** Ausgangsstellung. Fluchtstab 1 ist in einem Prisma zu sehen, im zweiten ein Geländepunkt (Baum). **b** Sind beide Fluchtstäbe 1 und 2 in beiden Prismen übereinander zu sehen, Position der Lotspitze am Boden markieren und Fluchtstab aufstellen. Der Stab ist dann eingefluchtet

2.1.3 Verlängern der Strecke

Dies funktioniert mit zwei Personen im Prinzip genauso wie das Zwischenfluchten, nur dass die zweite Person, die den Fluchtstab hält, hinter dem zweiten Fluchtstab, in Verlängerung der bereits abgesteckten Strecke, steht.

Auch eine Person kann die Verlängerung vornehmen, da sie von dem Stab, den sie hält, an den beiden bereits gesetzten Fluchtstäben entlang peilen und so die Fluchtung prüfen kann.

2.1.4   Abstecken von rechten Winkeln mit dem Doppelprisma

Mit einem Doppelprisma oder Kreuzvisier steht die Person A an dem Ausgangspunkt auf der Fluchtlinie und beobachtet in den Prismen die beiden Fluchtstäbe 1 und 2, so dass diese genau übereinanderstehen (Abb. 2.3). Dann soll das Lot am Prisma genau auf den Ausgangspunkt zeigen. Eine zweite Person B, die den Fluchtstab 3 im Pendelgriff hält, wird nun so lange auf die Blickrichtung durch das Visierfenster am Prisma dirigiert, bis ihr Fluchtstab 3 mit den beiden anderen (in den Prismen) in einer Linie erscheint.

Mit einem einfachen Prisma oder Dreiseitprisma muss zunächst ein Zwischenstab gesetzt werden, damit vom Ausgangspunkt aus in eine Richtung zwei Fluchtstäbe zu sehen sind, welche die Ausgangsrichtung festlegen. Die erste Person hält das Prisma nun so über den Ausgangspunkt, dass sie die beiden Fluchtstäbe links (oder rechts) zur Deckung gebracht im Prisma erkennt. Dann dirigiert sie die dritte Person mit dem Fluchtstab im Pendelgriff so lange auf die Visierrichtung zu, bis deren Fluchtstab mit den beiden Stäben im Prisma in einer Linie liegt.

2.1.5   Aufwinkeln von Punkten

Bei diesem Verfahren soll von einem vorgegebenen Punkt 3 abseits der Fluchtlinie 1–2 ein rechter Winkel auf diese gebildet werden (wichtig für die Orthogonalaufnahme!). In dem Neupunkt 3 wird zunächst ein Fluchtstab aufgestellt (Abb. 2.4). Der Beobachter fluchtet sich zunächst mit dem Doppelprisma und eingehängtem Schnurlot zwischen die beiden Fluchtstäbe 1 und 2 der Bezugslinie ein. Dann bewegt er sich so lange an ihr entlang (beide Fluchtstäbe müssen ständig in den Prismen zu sehen

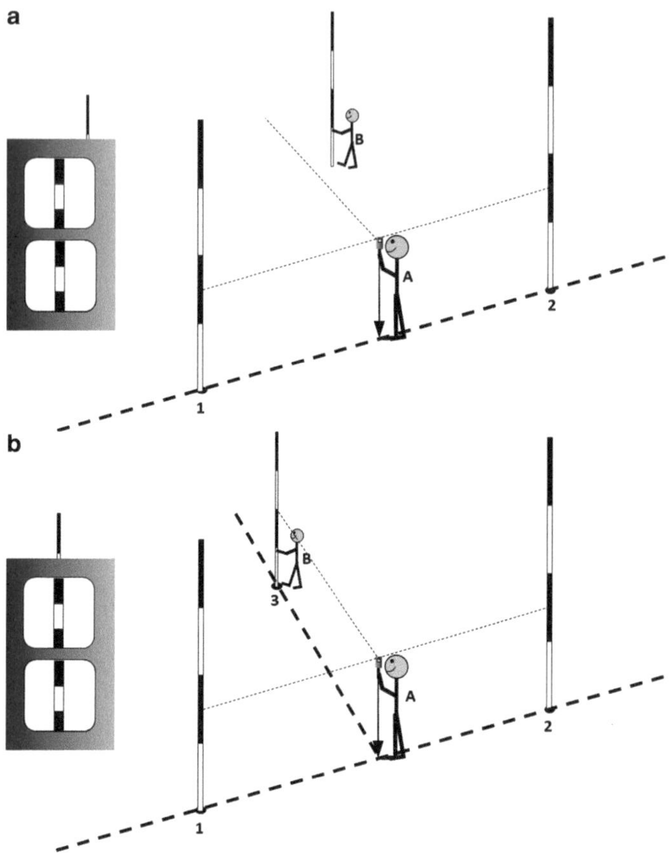

Abb. 2.3 Abstecken von rechten Winkeln. **a** Ausgangsstellung. **b** Person B hat den Endpunkt erreicht und kann den Fluchtstab 3 aufstellen

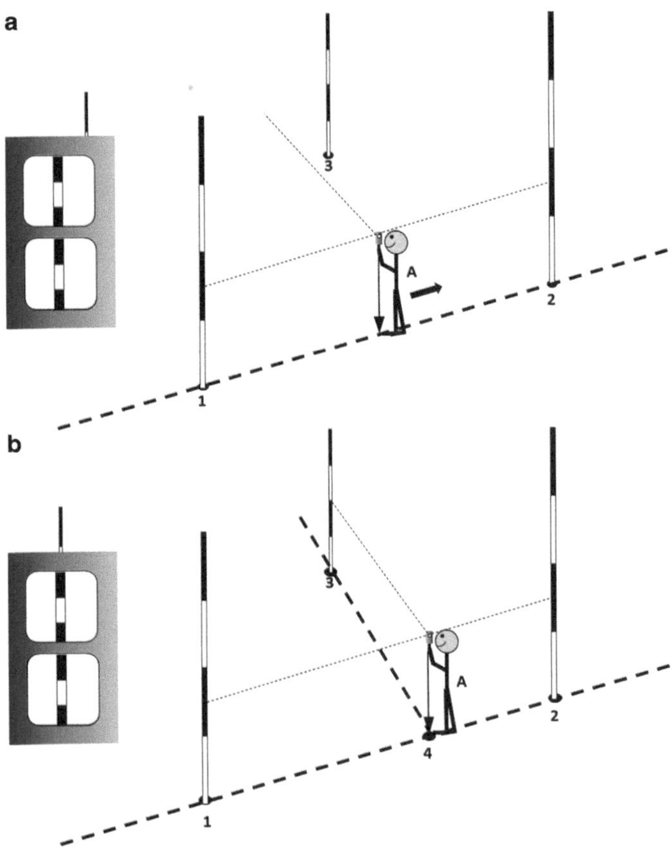

Abb. 2.4 Aufwinkeln von Punkten. **a** Ausgangsstellung. Im Neupunkt 3 ist bereits ein Fluchtstab aufgestellt und Person A hat sich zwischen den Stäben 1 und 2 eingefluchtet. **b** Person A bewegt sich entlang der Fluchtlinie 1–2, bis über dem Prisma der Fluchtstab 3 mit den beiden Bildern von Fluchtstab 1 und 2 in einer Linie erscheint

sein), bis der neue Fluchtstab 3 mit den beiden Stäben in den Prismen auf einer Linie liegt. Das Lot bezeichnet dann den Fußpunkt des rechten Winkels.

2.2 Lagemessung

Bei der Lagemessung werden einzelne Punkte in ihrer Lage in der Ebene eingemessen. Hier sind zwei Verfahren wichtig. Im Orthogonalverfahren wird eine Basislinie definiert, und alle Punkte werden mit kartesischen Koordinaten, nämlich ihrer Entfernung zur Basislinie und der Lage des Lotfußpunktes auf der Basislinie, eingemessen. Beim Polarverfahren wird ein Polarkoordinatensystem benutzt, bei welchem jedem Punkt ein Winkel und eine Entfernung in Bezug auf einen Koordinatennullpunkt und eine Basisrichtung zugeordnet werden.

2.2.1 Orthogonalverfahren

Durch die aufzumessende Fläche wird zunächst eine Basisstrecke gelegt und gekennzeichnet (z. B. mit Fluchtstäben; bei kleinen Flächen kann eine Hilfsschnur gespannt werden). Die Basislinie muss in ihrer Richtung bestimmt werden (Kompass oder bei genaueren Messungen die Einmessung der Endpunkte). Sie muss lang genug sein und so gewählt werden, dass von allen Messpunkten ein Lot auf die Basislinie gefällt werden kann. Dann wird von jedem Punkt aus das Lot auf die Linie gefällt und erstens die Entfernung des Lotfußpunktes zum einen Ende der Basislinie (Abszisse) sowie zweitens die lotrechte Entfernung des Punktes von der Basislinie (Ordinate) gemessen. Die Längenmessungen werden normalerweise mit dem Maßband vorgenommen. Elektronische Messgeräte (Laserdistometer, Ultraschalldistometer) sind ebenfalls einsetzbar, sind jedoch u. U. störanfälliger (z. B. beim Ultraschalldistometer durch erhöhte Temperatur nahe dem sonnenbeschienenen Erdboden).

Die Orthogonalaufnahme kann durch die Messung der Entfernung zwischen einigen Messpunkten kontrolliert werden. Aus den Koordinaten der Messpunkte lässt sich mit Hilfe des Lehrsatzes des Pythagoras oder mit der R,P-Transformation auf dem Taschenrechner leicht die Entfernung berechnen und mit der Kontrollmessung vergleichen.

Beispiel Einmessung eines Teilskelettes nach dem Orthogonalverfahren (Abb. 2.5). Für jedes Ende eines Knochens werden zwei Koordinaten aufgenommen: erstens die Entfernung des Lotfußpunktes vom Nullpunkt

Abb. 2.5 Das Orthogonalverfahren zur Erstellung einer Karte. (Beispiel: Dokumentation der Fundlage)

der Basislinie und zweitens die Entfernung von der Basislinie. Für die Messpunkte sind nur die Messstrecken eingezeichnet. Bei der Aufnahme im Gelände wird eine Fundskizze angefertigt, und die Messpunkte werden durchnummeriert. Die Messwerte werden anschließend in einer Tabelle notiert.

Die Vorteile dieses Verfahrens sind, dass einfache Messgeräte (Maßband, Prisma) verwendet werden, der Fehler in allen Punkten gleich bleibt (gegenüber Winkelmessungen, bei denen sich der Lagefehler mit zunehmender Entfernung vergrößert) und Messfehler sich nicht fortpflanzen. Allerdings handelt es sich um ein sehr zeitaufwendiges Verfahren.

2.2.2 Polarverfahren

Beim Polarverfahren wird von dem Koordinatennullpunkt, in dem das Winkelmessinstrument steht, zu jedem Messpunkt zunächst die Richtung und dann die Entfernung bestimmt (Abb. 2.6).

Beispiel Aufnahme eines Teilskelettes nach dem Polarverfahren. Für jeden Messpunkt werden eine Richtung und eine Entfernung vom Bezugspunkt aufgenommen. Auch hierzu werden im Gelände eine Lageskizze

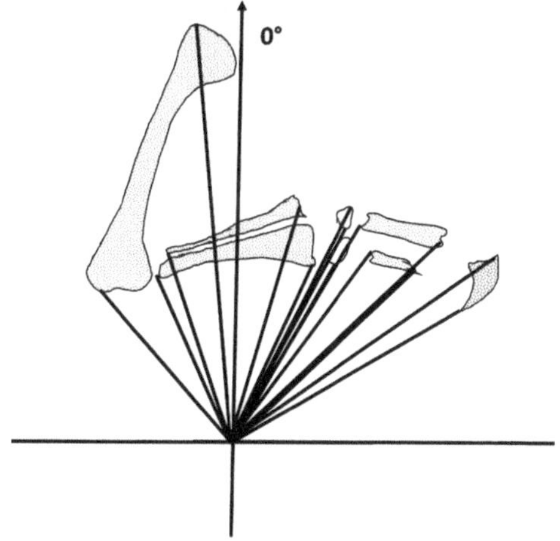

Abb. 2.6 Das Polarverfahren zur Erstellung einer Karte. (Beispiel: Dokumentation der Fundlage)

angefertigt, die Punkte durchnummeriert und die Messwertpaare in einer Tabelle aufgenommen.

Bei kleinen Aufnahmeflächen von wenigen Metern Durchmesser (kleiner Aufschluss, Kartierung eines Skelettes etc.) oder einer groben, vorläufigen Aufnahme im Gelände können die Winkel schnell mit einem Kompass (am besten einem Peilkompass) aufgenommen werden (Abb. 2.7).

Zwei Personen können mit einem Peilkompass und einem Maßband oder Laserdistometer sehr schnell die Koordinaten aufnehmen. Durch die Benutzung des Kompasses ist die Nordrichtung gleich als Bezugsrichtung gegeben.

Bei kleinflächigen Grabungen kann sehr vorteilhaft die Laserwasserwaage eingesetzt werden (Abb. 2.8). Sie steht im Koordinatennullpunkt, und an ihrem Gradkreis kann die Richtung abgelesen werden.

Vorzugsweise wird zunächst der Gradkreis so ausgerichtet, dass 0° in Richtung Norden weist. Mit dem Maßband oder Laserdistometer kann die Entfernung bestimmt und mit einer Nivellierlatte (im Notfall tut es auch ein Zollstock) im Zielpunkt zusätzlich die Höhenlage des Messpunktes festgehalten werden (wichtig bei Grabungen, zur Beurteilung, welche der Messpunkte in einer Schichtfläche liegen).

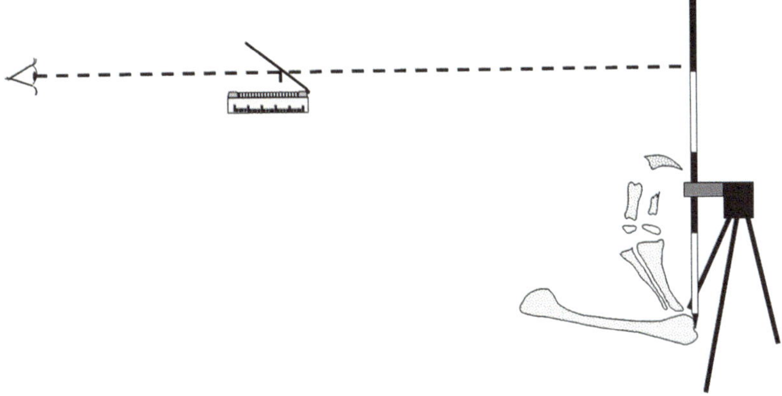

Abb. 2.7 Das Polarverfahren mit Kompass und Fluchtstab zur Aufnahme einer kleinflächigen Fundskizze

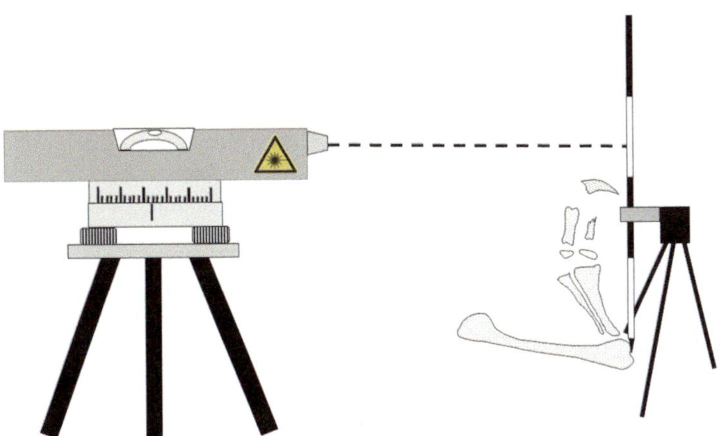

Abb. 2.8 Das Polarverfahren mit Laserwasserwaage und Fluchtstab zur Aufnahme einer kleinflächigen Fundskizze

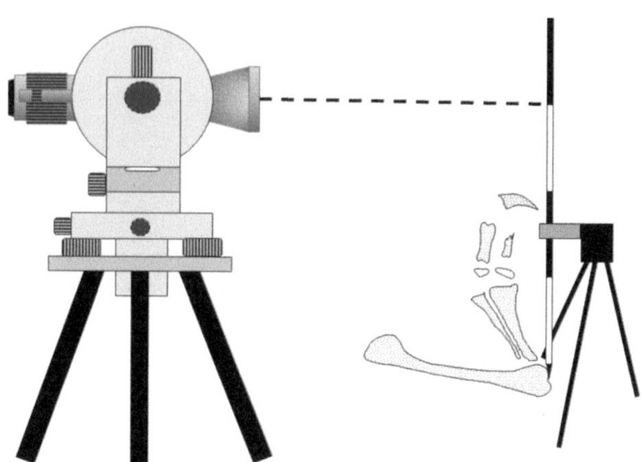

Abb. 2.9 Das Polarverfahren mit Theodolit und Fluchtstab zur Aufnahme einer Fundskizze oder Karte

Zur genauen Kartierung wird ein Nivellier oder ein Theodolit (Abb. 2.9) in den Koordinatennullpunkt aufgestellt und die Entfernung vom Fußpunkt des Schnurlotes unter dem Instrument zum Messpunkt mit dem Maßband oder Laserdistometer gemessen.

Wird der Theodolit horizontal ausgerichtet, so lässt sich mit ihm ebenso wie mit dem Nivellier mit Hilfe einer Nivellierlatte im Zielpunkt zusätzlich auch die Höhenlage des Messpunktes aufnehmen.

Auch bei diesem Verfahren können einige Abstände zwischen Messpunkten zur Kontrolle der Messergebnisse aufgenommen werden.

Beim Einsatz präziser Instrumente ist das Verfahren sehr schnell und ausreichend genau. Die Genauigkeit kann abgeschätzt werden, indem man den Tangens des kleinsten am Instrument ablesbaren Winkels mit der Entfernung der Messpunkte multipliziert. Die genaue Einmessung des Koordinatennullpunktes kann mit demselben Instrumentarium und Aufbau direkt erfolgen.

Beispiel Bei einer Skalenteilung von $1°$ wird ein Vertrauensbereich von $\pm 0{,}5°$ angenommen. Beträgt die Messpunktentfernung $10\,\text{m}$, so ergibt sich eine Unsicherheit von

$$\pm \tan(0{,}5) \cdot 10\,\text{m} = 8{,}7\,\text{cm}.$$

Vergleicht man verschiedene Instrumente, so erhält man beispielsweise folgende Richtwerte für die Genauigkeit:

Gerät	Skalenteilung	Vertrauensbereich	Fehler auf 10 m	Fehler auf 100 m
Geologenkompass	$2°$	$\pm 1°$	$\pm 17{,}5\,\text{cm}$	$\pm 1{,}75\,\text{m}$
Peilkompass	$1°$	$\pm 0{,}5°$	$\pm 8{,}7\,\text{cm}$	$\pm 0{,}87\,\text{m}$
Bautheodolit	$5'$	$\pm 2{,}5'$	$\pm 0{,}7\,\text{cm}$	$\pm 7{,}2\,\text{cm}$
Ingenieurtheodolit	$1'$	$\pm 0{,}5'$	$\pm 1{,}5\,\text{mm}$	$\pm 1{,}5\,\text{cm}$

Mit Hilfe dieser Tabelle kann das richtige Instrument für die geforderte Genauigkeit ausgewählt werden.

2.3 Bestimmung der Koordinaten eines Neupunktes

Das Rückwärtseinschneiden ist die häufigere Methode, um einen Neupunkt im Gelände einzumessen. Hat man beispielsweise beim Kartieren im Gelände ein Fossil gefunden möchte nun den Fundpunkt in der Karte festhalten, benötigt man bei Verwendung eines Kompasses zwei Zielpunkte im Gelände, deren Koordinaten bekannt sind (z. B. Kirchturm, Wasserturm, Aussichtsturm). Für genauere Messungen wird ein Theodolit benutzt. Da die hiermit gemessenen Winkel sich nicht auf die Nordrichtung beziehen, muss noch ein dritter Referenzpunkt mit bekannter Position angepeilt werden. Zur Bestimmung der Koordinaten des Standortes (Neupunktes) stehen nun, je nach Genauigkeitsanforderung, die im Folgenden beschriebenen Verfahren zur Verfügung.

2.3.1 Rückwärtseinschneiden mit dem Kompass – graphisch

Diese Methode ist die schnellste und einfachste, aber auch die ungenaueste. Zur Orientierung mit Kompass und Karte ist sie ideal. Man benutzt am besten einen Linealkompass mit Spiegel. Zunächst wird das erste Ziel angepeilt und die Peilrichtung ermittelt, indem beim Peilen die Kompassdose so weit gedreht wird, bis die Nordmarkierung auf die Nordspitze der Kompassnadel zeigt. Dann legt man den Kompass auf die Karte und dreht den gesamten Kompass (Kompassdose nicht verdrehen!), so dass die senkrechten Linien am Boden der Kompassdose parallel zu den senkrechten Gitterlinien der Karte liegen und die Nord-

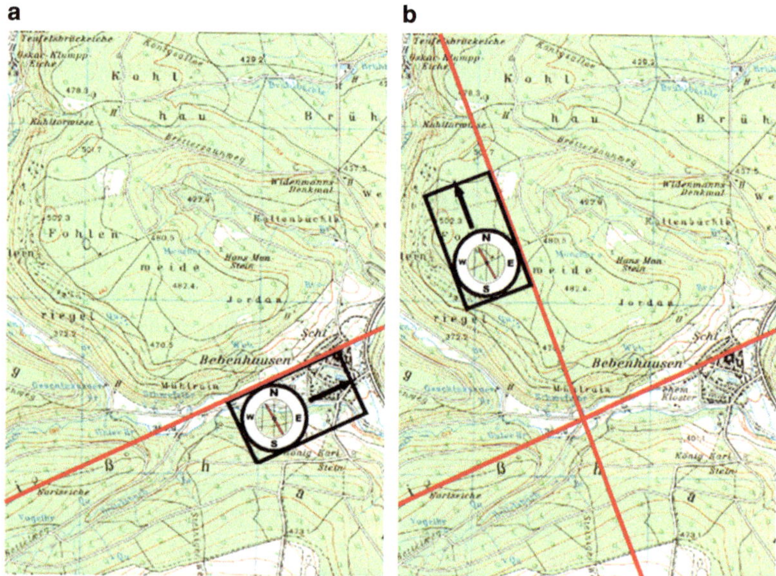

Abb. 2.10 Graphische Standortbestimmung mit dem Kompass. **a** Einzeichnen der ersten Peilrichtung auf der Karte. **b** Einzeichnen der zweiten Peilrichtung. Der Standort liegt im Schnittpunkt der beiden Linien. (Grundlage: Topographische Karte 1:25.000 – © Landesamt für Geoinformation und Landentwicklung Baden-Württemberg (www.lgl-bw.de), 09.2017, Az.: 2851.2-D/812)

markierung der Dose zum oberen Kartenrand zeigt (Abb. 2.10). Danach verschiebt man den Kompass parallel zu den senkrechten Gitterlinien, bis seine Anlegekante durch das anvisierte Ziel läuft. Die Anlegekante entspricht nun der ersten Peilrichtung, die nun mit einem Bleistift eingezeichnet werden kann. Der Vorgang wird nun für den zweiten Zielpunkt wiederholt, und man erhält eine zweite Peilrichtung. Der Schnittpunkt der beiden Peilrichtungen gibt nun den Standort wieder, und seine Koordinaten können mit Hilfe der Planzeiger aus der Karte entnommen werden.

Bei dieser Methode ist zu beachten, dass der Fehler schnell größer wird, wenn zwei nahe beieinander liegende Ziele angepeilt werden, so dass sich die Peilrichtungen in einem spitzen Winkel schneiden (Abb. 2.11). Je weiter die angepeilten Ziele auseinander liegen, desto genauer wird das Ergebnis. Im Idealfall sollten beide Peillinien etwa einen rechten Winkel (90°) einschließen, dann ist der Fehler am kleinsten. Noch größere Schnittwinkel liefern allerdings wieder ungenauere Ergebnisse.

Weiterhin ist gegebenenfalls die Missweisung (Nadelabweichung) zu berücksichtigen. Übersteigt sie die Messgenauigkeit des Kompasses, so ist sie unbedingt zu korrigieren, da sonst ein deutlicher Fehler erzeugt wird.

Wird die Nadelabweichung nicht berücksichtigt, so kann der Fehler der Standortbestimmung größer sein, als nach dem Fehlerdreieck zu erwarten ist (Abb. 2.12).

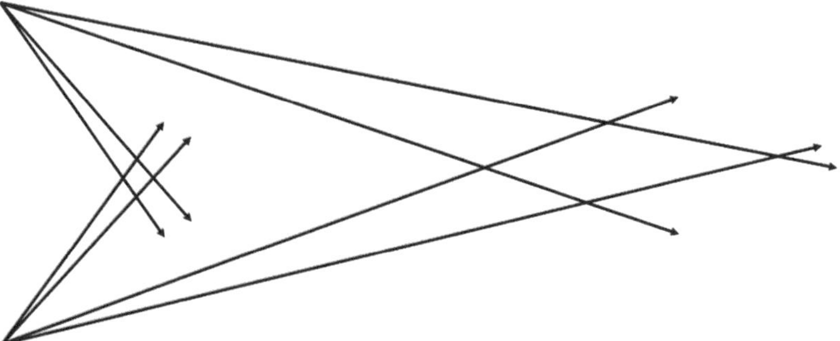

Abb. 2.11 Fehlerbereiche bei der graphischen Standortbestimmung

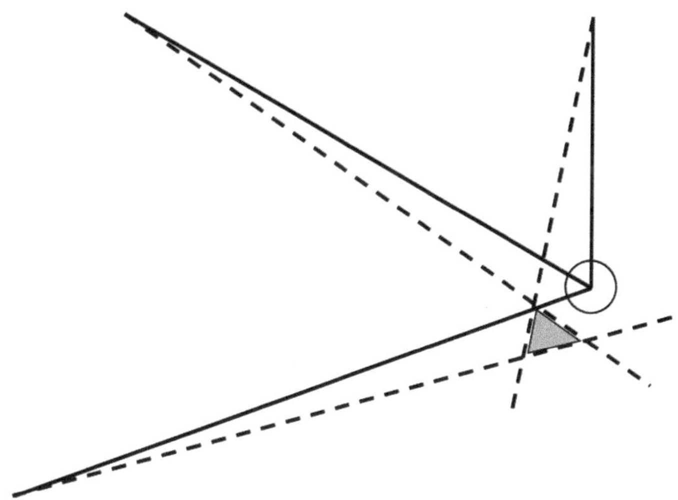

Abb. 2.12 Fehler der Standortbestimmung durch Anpeilen von drei Geländepunkten bei Vernachlässigung der Missweisung

Als Faustregel kann man sich merken, dass die Nadelabweichung unbedingt berücksichtigt werden sollte, wenn sie die Ablesegenauigkeit des Kompasses erreicht oder übersteigt. Der aktuelle Betrag der Nadelabweichung kann aus der Legende der topographischen Karte entnommen werden. Ist die Karte bereits älter als ein Jahr, so muss die aktuelle Abweichung aus dem Kartenwert berechnet werden. Hierzu entnimmt man der Kartenlegende die Änderungsrate der Nadelabweichung pro Jahr und multipliziert sie mit der Anzahl der Jahre, die seit der Kartenpublikation verstrichen sind. Dieser Korrekturwert wird nun dem in der Karte angegebenen Abweichungsbetrag hinzuaddiert.

Beispiel Auf der TK 25, Blatt 7420 „Tübingen" aus dem Jahr 2011 findet sich folgende Angabe: „Nadelabweichung etwa 1,5° ostwärts; sie nimmt z. Z. jährlich um etwa 0,13° zu."

Hat man im Jahr 2016 ohne Missweisungsausgleich am Kompass einen Peilwinkel von 21° gemessen, so erhält man die tatsächliche Peilrichtung bezogen auf Gitternord folgendermaßen:

$$w = 21° + (1{,}5° + (0{,}13° \cdot 5)) = 21° + 2{,}15° = 23{,}5°.$$

Die Nadelabweichung beträgt in dem Beispiel aktuell 2,15° ostwärts.

Bei östlicher Nadelabweichung wird die Nordmarke nach der Peilung um den entsprechenden Abweichungsbetrag (2,15° im Beispiel) nach Osten verdreht, bei westlicher Nadelabweichung wird die Nordmarke nach Westen verdreht.

Die Nadelabweichung kann bei einigen Marschkompassmodellen mit Hilfe einer Stellschraube am Kompass direkt eingestellt werden. Mit diesem Missweisungsausgleich wird nur die Nordmarke (und nicht die Linien am Kompassdosenboden) auf der Kompassskala um den Betrag der Nadelabweichung verdreht. Peilt man danach im Gelände und stellt die Kompassdose so ein, dass die Nordspitze der Kompassnadel auf die Nordmarke (nicht auf 0°!) zeigt, so zeigt die Peilmarke auf der Winkelskala den Peilwinkel gegen Gitternord an. Möchte man nun den Winkel auf die Karte übertragen, so richtet man wieder die Linien am Kompassboden parallel zu den Gitterlinien aus (die Nordmarke weicht nun von dieser Richtung ab und braucht jetzt nicht beachtet zu werden) und zeichnet die Peillinie ein.

Zwei Peilungen sind das Minimum, um den Standpunkt zu bestimmen. Zur Sicherheit können aber auch drei (oder mehr Peilungen) vorgenommen werden, wenn genügend geeignete Zielpunkte zur Verfügung stehen. Normalerweise werden sich die drei (oder mehr) erhaltenen Peillinien nicht in einem Punkt schneiden, sondern ein kleines Dreieck (oder Vieleck), das sogenannte Fehlerdreieck, umschließen. Dieses Fehlerdreieck gibt in etwa den Fehler des Resultates an. Der wirkliche Standort liegt, bei sorgfältig ausgeführten Messungen, irgendwo innerhalb des Dreiecks (Vielecks).

2.3.2 Rückwärtseinschneiden mit dem Kompass – rechnerisch

Dieses Verfahren bietet sich für genaue Winkelmesser an, wie z. B. Peilkompasse, deren Messgenauigkeit besser als 1° ist. In diesem Fall übertrifft die Messgenauigkeit die eines Geodreiecks, so dass man beim graphischen Verfahren Information verschenkt. Zur vollständigen Nutzung der Genauigkeit des Instrumentes ist es daher notwendig, die Koordinaten des Neupunktes rechnerisch zu bestimmen und unbedingt die Nadelabweichung zu berücksichtigen.

Da man an Peilkompassen grundsätzlich keinen Missweisungsausgleich einstellen kann, bleibt hier nur die rechnerische Kompensation nach folgenden Regeln: Bei westlicher Nadelabweichung wird der Betrag der Nadelabweichung von dem im Gelände gemessenen Winkel abgezogen, um die wahre Peilrichtung zu erhalten. Bei östlicher Nadelabweichung muss diese zum Geländewinkel hinzuaddiert werden:

Westliche Nadelabweichung:

$$\text{Kartenwinkel} = \text{Geländewinkel} - \text{Nadelabweichung}$$

Östliche Nadelabweichung:

$$\text{Kartenwinkel} = \text{Geländewinkel} + \text{Nadelabweichung}.$$

Jede Peilrichtung stellt eine Gerade dar, die durch den jeweiligen Zielpunkt läuft, dessen Koordinaten aus der Karte entnommen werden können. Die Peilgeraden I (durch den Punkt (x_1, y_1)) und II (durch den Punkt (x_2, y_2)) können also durch die Geradengleichungen beschrieben werden:

$$y_1 = \tan(\alpha) \cdot x_1 + a$$
$$y_2 = \tan(\beta) \cdot x_2 + b.$$

α und β sind hierbei jedoch nicht die Gradzahlen, die man am Kompass abliest, da bei diesem die Gradskala von Norden nach rechts läuft, während Winkel in der Mathematik von der x-Achse (Richtung Osten) nach links gemessen werden. α und β werden wie folgt aus der jeweiligen Kompassablesung berechnet:

$$\alpha = 450° - \text{Kompassablesung} \quad (1)$$
$$\beta = 450° - \text{Kompassablesung} \quad (2).$$

Ergibt sich ein Resultat größer als 360°, so werden vom Ergebnis 360° abgezogen.

Beispiel Kompassablesung: 127° (etwa die Richtung Ost-Süd-Ost)
Richtungswinkel für die Berechnung: $450° - 127° = 323°$

Beispiel Kompassablesung: 36° (etwa die Richtung Nord-Nord-Ost)
Richtungswinkel für die Berechnung:

$$450° - 36° = 414°$$
$$414° - 360° = 54°.$$

Mit den Richtungswinkeln α und β ergeben sich nach den Geradengleichungen auch die Konstanten a und b:

$$a = y_1 - (x_1 \cdot \tan(\alpha))$$
$$b = y_2 - (x_2 \cdot \tan(\beta)).$$

Im Standpunkt, von dem aus gepeilt wurde, schneiden sich die zwei Geraden, d. h., die beiden Gleichungen müssen den gleichen y-Wert zu dem gesuchten x-Wert liefern. Durch Gleichsetzen der beiden Geradengleichungen erhält man:

$$\tan(\alpha) \cdot x + a = \tan(\beta) \cdot x + b.$$

Umgeformt resultiert daraus die Gleichung zur Bestimmung von x:

$$x = \frac{a - b}{\tan(\beta) - \tan(\alpha)}.$$

Zur Ermittlung von y kann jede der beiden oben angegebenen Geradengleichungen verwendet werden, z. B.:

$$y = \tan(\alpha) \cdot x + a.$$

Beispiel UTM-Koordinaten von Punkt 1:
Nordwert $= y_1$: 374.440
Ostwert $= x_1$: 505.170
Kompassablesung (1): 252°

UTM-Koordinaten von Punkt 2:
Nordwert = y_2: 375.100
Ostwert = x_2: 503.380
Kompassablesung (2): 143°

$$\alpha = 450° - 252° = 198°$$

$$a = y_1 - (\tan(\alpha) \cdot x_1)$$
$$= 374.440 - (\tan(198°) \cdot 505.170) = 210.300{,}3171$$

$$\beta = 450° - 143° = 307°$$

$$b = y_2 - (\tan(\beta) \cdot x_2)$$
$$= 375.100 - (\tan(307°) \cdot 503.380) = 1.043.107{,}822$$

$$x = \frac{(a - b)}{(\tan(\alpha) - \tan(\beta))}$$
$$= \frac{(210.300{,}3171 - 1.043.107{,}822)}{(\tan(307°) - \tan(198°))} = 504.131{,}5936$$

$$y = \tan(\alpha) \cdot x + a$$
$$= \tan(198°) \cdot 504.131{,}5936 + 210.300{,}3171 = 374.102{,}6.$$

Da bei einer Kompasspeilung die Genauigkeit nur begrenzt ist, reicht es, die Koordinaten des Neupunktes auf den Meter genau anzugeben, also die Nachkommastellen zu runden. Man erhält als Koordinaten des Standortes:

Nordwert: 374.103

Ostwert: 504.132

Diese Berechnung ist mit dem *Taschenrechner* schnell durchzuführen, insbesondere wenn er mehrere Speicher besitzt. Die Berechnung kann aber auch leicht in ein Excel spreadsheet eingegeben werden. Ein solches fertig programmiertes Excel-Tabellenblatt kann auf der Produktseite zum Buch (http://www.springer.com/978-3-662-46261-4) unter der Bezeichnung „Rückwärtseinschneiden1.xls" heruntergeladen werden. Auf diesem Tabellenblatt müssen in die weißen Felder nur die Koordinaten (Nordwert, Ostwert von Punkt 1 und 2) und die beiden

Peilrichtungen (Kompassablesung 1 und 2) eingegeben werden, und die Koordinaten des Neupunktes lassen sich ohne jede Berechnung sofort in den Ergebniszeilen ablesen. Zur Kontrolle werden auch die Zwischenergebnisse ausgegeben (A, B, α, β, tan α, tan β), doch werden diese Werte nicht weiter benötigt. Das spreadsheet ist für den Gebrauch mit dem Peilkompass konzipiert und rundet die Koordinaten auf volle Meter ab, ist also für Peilungen mit dem Theodolit zu ungenau.

2.3.3 Rückwärtseinschneiden mit dem Theodolit

Da der Theodolit keine Bezugsrichtung vorgibt, muss hierzu ein dritter Punkt eingemessen werden. Und da der Theodolit sich nicht auf die magnetische Nordrichtung bezieht, braucht auch keine Missweisung ausgeglichen zu werden. Bei der Wahl der drei Bezugspunkte muss unbedingt darauf geachtet werden, dass der Neupunkt (N) und die drei angepeilten Punkte A, M und B nicht – auch nicht annähernd – auf einem Kreis zu liegen kommen (gefährlicher Kreis!), da sonst keine Lösung möglich ist (Abb. 2.13).

Lösung nach Cassini Durch die vier Punkte können zwei Kreise gelegt werden, die sich in zwei Punkten schneiden. Einer dieser Schnittpunkte bezeichnet den Neupunkt. Nur wenn alle vier Punkte auf einem Kreis liegen, existiert keine Lösung (Abb. 2.14). Wenn die Punkte nur annähernd auf einem Kreis liegen, wird die numerische Lösung sehr ungenau. Von den drei Bezugspunkten A, M und B müssen die Koordinaten bekannt sein. Mit dem Instrument werden die beiden Winkel α und β gemessen.

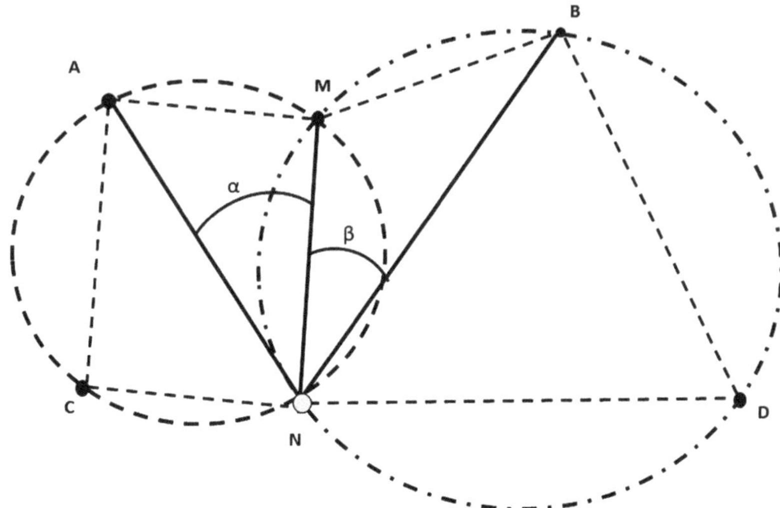

Abb. 2.13 Rückwärtseinschneiden mit dem Theodolit. Die Punkte A, M und B sind gegeben, und der Theodolit steht auf dem Neupunkt (N). Die Koordinaten von N sollen aus Winkelmessungen von N aus ermittelt werden. Hierzu berechnet man zunächst die Hilfspunkte C und D

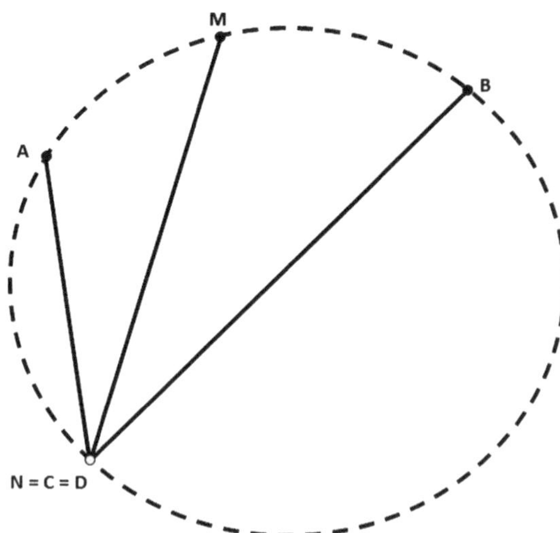

Abb. 2.14 Der gefährliche Kreis. Liegen alle Punkte A, M, B und N auf einem Kreis, so existiert keine Lösung für das Problem. Der Neupunkt N und die beiden Hilfspunkte C und D fallen aufeinander

Um die Koordinaten des Neupunktes X_N und Y_N zu bestimmen, werden zunächst die Hilfspunkte C und D berechnet:

$$X_C = X_A - (Y_A - Y_M) \cdot \cot(\alpha)$$
$$Y_C = Y_A + (X_A - X_M) \cdot \cot(\alpha)$$
$$X_D = X_B + (Y_B - Y_M) \cdot \cot(\beta)$$
$$Y_D = Y_B - (X_B - X_M) \cdot \cot(\beta)$$
$$\tan(t_{D,C}) = \frac{(X_C - X_D)}{(Y_C - Y_D)}$$
$$\tan(t_{M,N}) = -\frac{(Y_C - Y_D)}{(X_C - X_D)}$$
$$t_{A,N} = t_{M,N} - \alpha$$
$$t_{B,N} = t_{M,N} + \beta.$$

Mit diesen Hilfsgrößen lassen sich nun die Koordinaten des Neupunktes wie folgt berechnen:

$$Y_N = Y_D + \frac{(X_M - X_D) - (Y_M - Y_D) \cdot \tan(t_{M,N})}{\tan(t_{D,C}) - \tan(t_{B.N})}$$
$$Y_N = Y_A + \frac{(X_B - X_A) - (Y_B - Y_A) \cdot \tan(t_{B,N})}{\tan(t_{A,N}) - \tan(t_{B.N})}$$
$$X_N = X_D + (Y_N - Y_D) \cdot \tan(t_{D,C})$$
$$Y_N = Y_A + (X_N - X_A) \cdot \tan(t_{A,N}).$$

Auch für diese Berechnungen wird vorzugsweise ein entsprechendes Excel spreadsheet angelegt. Unter den Dateien des Zusatzmaterials im Internet findet sich eine entsprechende Excel-Datei namens „Rückwärtseinschneiden2.xls". Hier müssen nur die Koordinaten der drei Hilfspunkte sowie die beiden gemessenen Winkel eingetragen werden. Dann kann das Ergebnis direkt in den Ergebnisfeldern abgelesen werden.

2.3.4 Vorwärtseinschneiden mit dem Kompass – graphisch

Beim Vorwärtseinschneiden wird ein Neupunkt nacheinander von zwei bekannten Standorten P_1 und P_2 aus angepeilt. Dieses Verfahren ist besonders dann nützlich, wenn ein nicht zugänglicher Punkt eingemessen werden soll. So können z. B. die Koordinaten eines Aufschlusses bestimmt werden, der jenseits eines Flusses oder einer Schlucht liegt und später z. B. mit Hilfe eines GPS-Empfängers aufgesucht werden soll. Für das graphische Vorwärtseinschneiden ist der Linealkompass wieder das geeignete Instrument. Man peilt erst von P_1 aus das Ziel an, dreht beim Peilen die Kompassdose so weit, bis die Nordmarke auf der Nordspitze der Magnetnadel steht, und überträgt die Peilrichtung auf die Karte. Hierzu wird der Kompass so orientiert, dass die senkrechten Linien am Boden der Kompassdose parallel zu den senkrechten Gitterlinien der Karte liegen und die Nordmarkierung zum oberen Kartenrand zeigt. Verschiebt man den Kompass nun entlang der senkrechten Gitterlinie so lange, bis eine Anlegekante durch den Punkt P_1 läuft, so gibt diese Kante die Peilrichtung 1 wieder. Dann begibt man sich zum zweiten Standort P_2 und wiederholt die Peilung. Der Schnittpunkt der beiden Peilrichtungen ergibt die Lage des Neupunktes auf der Karte, und die Koordinaten können anhand des Gitters mit einem Planzeiger bestimmt werden.

Beim Vorwärtseinschneiden gelten dieselben Regeln bezüglich der zu erreichenden Genauigkeit wie für das Rückwärtseinschneiden. Winkel nahe 90° und kurze Peilentfernungen erhöhen die Genauigkeit beträchtlich. Selbstverständlich muss auch hier die Missweisung berücksichtigt werden (Abschn. 2.3.1 und 2.3.2).

2.3.5 Vorwärtseinschneiden mit dem Peilkompass – rechnerisch

Wie beim Rückwärtseinschneiden kann die Bestimmung der Neupunktkoordinaten auch rechnerisch erfolgen, um die Messgenauigkeit des Peilkompasses ausnutzen zu können. Hierzu können dieselben Gleichungen benutzt werden, wie für das Rückwärtseinschneiden. Selbstverständlich muss auch hier die Missweisung berücksichtigt werden (Abschn. 2.3.1 und 2.3.2).

2.3.6 Vorwärtseinschneiden mit dem Theodolit

Bei der Messung mit dem Theodolit ist zu beachten, dass einmal der Innenwinkel (β) und einmal der Außenwinkel (α) zu bestimmen ist. Sind die Koordinaten von P_1 und P_2 bekannt, so berechnen sich die Neupunktkoordinaten wie folgt (Abb. 2.15):

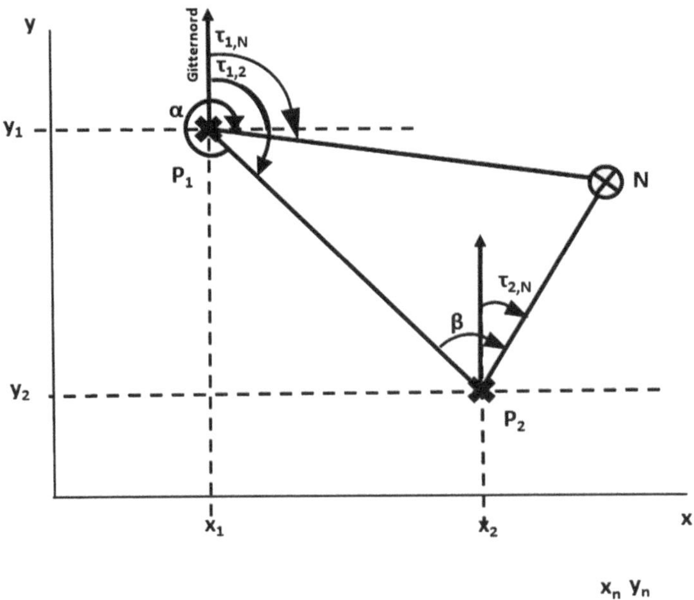

Abb. 2.15 Vorwärtseinschneiden. Die beiden Punkte P_1 und P_2 sind bekannt. Der Neupunkt wird nacheinander von jedem dieser beiden Punkte aus angepeilt

$$\tan \tau_{1,2} = \frac{(X_2 - X_1)}{(Y_2 - Y_1)}$$

$$\tan \tau_{1,2} = +\alpha$$

$$\tau_{2,N} = \tau_{1,2} + \beta \pm 180°$$

$$Y_N = Y_2 + \frac{(X_2 - X_1) - ((Y_2 - Y_1) \cdot \tan \tau_{1,N})}{\tan \tau_{1,N} - \tan \tau_{2,N}}$$

$$X_N = X_1 + ((Y_N - Y_1) \cdot \tan \tau_{1,N})$$

$$X_N = X_2 + ((Y_N - Y_2) \cdot \tan \tau_{2,N}) \, .$$

Für diese Berechnung findet sich im Zusatzmaterial ebenfalls eine Excel-Datei mit dem Namen „Vorwärtseinschnitt2.xls".

2.3.7 Polygonzug

Oft kann von dem Standort nicht direkt die Position bestimmt werden, da zum Beispiel in einer Schlucht keine Zielpunkte angepeilt werden können oder das GPS durch Abschattung keine Koordinatenbestimmung erlaubt. In diesem Fall hilft ein Polygonzug, um den Standort an einen Hilfspunkt anzuschließen, dessen Koordinaten bestimmt werden können. Ein Polygonzug ist eine Serie von aufeinanderfolgenden Teilstrecken, deren Richtung und Länge genau gemessen werden. Ausgehend von dem Anfangspunkt, dessen Koordinaten bekannt sind (aus der Karte zu entnehmen oder durch Peilung zu bestimmen), können mit Hilfe der Winkelfunktionen die Koordinaten der jeweiligen Streckenendpunkte berechnet werden, bis man schließlich am Ende des Streckenzuges den gesuchten Standort bestimmt hat. Auch dieses Verfahren kann sowohl mit dem Kompass graphisch oder rechnerisch als auch rechnerisch mit dem Theodolit durchgeführt werden.

Beispiel eines Polygonzuges Der Zielpunkt liegt in einem Tal, in welchem GPS-Positionsbestimmungen nicht möglich sind. Um die Koordinaten zu berechnen, wird von einem bekannten Standort aus (z. B. die Wegkreuzung in Abb. 2.16) ein Polygonzug zu dem Zielpunkt gelegt,

Abb. 2.16 Ein Polygonzug wird durch Richtungs- und Streckenmessungen der Einzelstrecken konstruiert, um einen Neupunkt an ein bestehendes Punktenetz anzuschließen

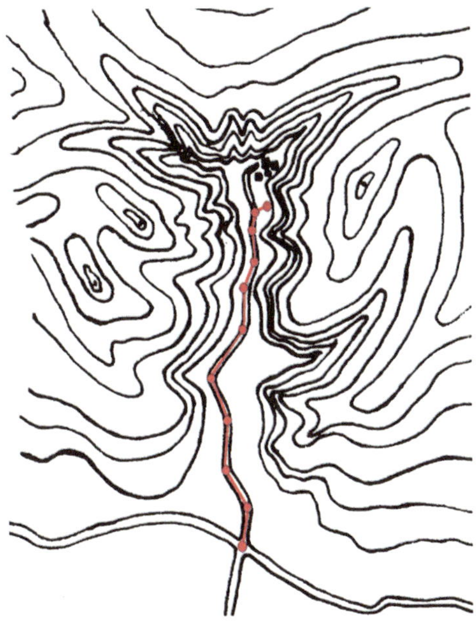

und es werden die Richtungs- und Längenwerte der Einzelstrecken aufgenommen.

Im abgebildeten Beispiel wurde die Richtung zum jeweiligen Zielpunkt mit dem Kompass aufgenommen (Azimut) und die Entfernung r gemessen. Die Azimutwinkel müssen erst in die geometrischen Winkel umgerechnet werden (Winkel $= 450° -$ Azimut). Ausgehend von der Kreuzung bei den Koordinaten $x = 277$ und $y = 570$ können dann Schritt für Schritt die Koordinaten der jeweiligen Streckenendpunkte und schließlich des Zielpunktes ($x = 304$, $y = 889$) berechnet werden (s. Tabelle).

Azimut	r	Winkel	x	y
			277	570
9,5	36,50	80,5	283	606
329,5	39,45	120,5	263	640
1,2	46,01	88,8	264	686
342,4	43,01	107,6	251	727
33,4	52,70	56,6	280	771
360,0	41,00	90,0	280	812
22,6	26,00	67,4	290	836
360,0	29,00	90,0	290	865
7,1	16,12	82,9	292	881
56,3	14,42	33,7	304	889

2.3.7.1 Polygonzug mit dem Kompass – graphisch

Dies ist ein schnelles und einfaches Verfahren, um einen Neupunkt an einen bekannten Koordinatenpunkt anzuschließen. Man beginnt an dem Bezugspunkt (z. B. einer Straßenkreuzung oder Brücke, deren Position auf der Karte bekannt ist) und misst mit dem Kompass die Richtung (Azimut) der ersten Teilstrecke (im Feldbuch notieren!). Daraufhin läuft man genau in dieser Richtung und misst dabei den Weg r (z. B. mit dem Schrittzähler), bis man den Endpunkt der ersten Teilstrecke erreicht hat, und notiert dann die Entfernung für die erste Teilstrecke. Auf diesem Endpunkt misst man nun die Richtung der zweiten Teilstrecke, notiert sie und schreitet die zweite Strecke ab. So verfährt man weiter, bis man am Ende der letzten Teilstrecke den Zielpunkt erreicht hat. Mit Hilfe der notierten Richtungs- und Entfernungsangaben kann man nun den Streckenzug in die Karte einzeichnen und die Koordinaten des Neupunktes aus der Karte ablesen.

Auch bei diesem Verfahren muss ggf. die Missweisung berücksichtigt werden (Abschn. 2.3.1 und 2.3.2).

2.3.7.2 Polygonzug mit dem Kompass – rechnerisch

Man geht hierzu bei der Messung genauso vor, wie in Abschn. 2.3.1 beschrieben, benutzt jedoch einen möglichst genauen Peilkompass. Die Korrektur der Nadelabweichung wird rechnerisch durchgeführt. Zur Auswertung schreibt man zunächst die um die Nadelabweichung korrigierten Streckenwerte der Teilstrecken in eine Tabellenspalte und die Längen der jeweiligen Teilstrecken in die zweite Spalte. Die Δx- und Δy-Werte für jede Teilstrecke werden mit der arctan- bzw. arccot-Funktion des Taschenrechners ermittelt. Zuvor muss die mit dem Kompass gemessene Richtung (Azimut) in den geometrischen Winkel transformiert werden:

$$\alpha = 450° - \text{Azimut}$$
$$\Delta x = L \cdot \cos(\alpha)$$
$$\Delta y = L \cdot \sin(\alpha) \,.$$

Zum Abschluss werden die Δx-Werte aufsummiert und dem x-Wert des Ausgangspunktes und die Summe der Δy-Werte dem y-Wert des Ausgangspunktes zugezählt.

Das Endergebnis sind die x- bzw. y-Koordinaten des Neupunktes.

2.3.7.3 Polygonzug mit dem Theodolit

Man misst mit dem Theodolit genau den Richtungswinkel der ersten Teilstrecke, wobei man die 0°-Richtung sinnvoll ausrichtet (z. B. Nordrichtung oder eine andere Bezugsrichtung). Dann misst man die erste Teilstrecke genau aus (z. B. mit Maßband, Laserdistometer). Anschließend versetzt man den Theodolit auf den Endpunkt der ersten Teilstrecke, peilt wieder zunächst den Anfangspunkt der ersten Teilstrecke an und stellt auf der Horizontalskala die Gegenrichtung der ersten Peilung (Gegenrichtung = Richtung + 180°) ein. Somit ist die Horizontalskala wieder genauso ausgerichtet wie zu Beginn der Messung. Dann peilt man den Endpunkt der zweiten Strecke an, misst deren Länge und versetzt den Theodolit auf den Endpunkt dieser Strecke. Auf diese Weise verfährt man bis zum Zielpunkt. Die Berechnung erfolgt – ohne Missweisungsausgleich! – wie unter Abschn. 2.3.7.2.

2.3.7.4 Lagepunktbestimmung mit dem GPS

Das GPS (Global Positioning System)ist ein satellitengestütztes Navigationssystem, das es erlaubt, mit Hilfe eines kleinen Empfängers die Position an jedem beliebigen Punkt auf der Erde schnell und genau zu bestimmen. Die horizontalen Koordinaten werden im Idealfall mit einer Standardabweichung von $\pm 6\,\text{m}$ angezeigt. Um den Standort zu bestimmen, muss man den Empfänger bei der ersten Messung in einer neuen

Region zunächst initialisieren. Der Empfänger sucht selbständig nach Satelliten, die über dem Horizont stehen, aber dieser Vorgang kann einige Minuten dauern. Das Initialisieren des Empfängers lässt sich erheblich beschleunigen, wenn man einen groben Standort (oft wird z. B. das Land oder die Region abgefragt) und eine Uhrzeit eingibt. Wenn der Empfänger genügend Satelliten (mindestens drei) empfängt, kann er eine erste Positionsbestimmung ausgeben. Das schnelle Anzeigen einer Position verführt unerfahrene Benutzer dazu, den Positionswert direkt zu verwenden, doch können auf diese Weise Fehlbestimmungen von mehreren hundert Metern resultieren. Deswegen müssen unbedingt zunächst einige Einstellungen des Empfängers überprüft und gegebenenfalls korrigiert werden.

Sehr wichtig ist die Auswahl des Kartendatums (*map datum*). Dies hat nichts mit dem Herausgabedatum einer Karte zu tun, sondern es bezeichnet das Bezugsellipsoid, auf welches sich die Koordinaten beziehen. Die geographischen Koordinaten und die Höhe beziehen sich auf ein bestimmtes Ellipsoid, welches als mathematisches Modell der Erde benutzt wird. Der Parametersatz dieses Ellipsoids wird als *Kartendatum* bezeichnet. Bislang unterschieden sich die Bezugsellipsoide der einzelnen Länder mehr oder weniger stark voneinander, da jedes Land ein Ellipsoid wählte, welches die Form des Geoids im Bereich des betreffenden Landes möglichst gut annähert. Ein solches Ellipsoid kann jedoch in einer anderen Gegend erheblich von dem Geoid dort abweichen. Mit dem Aufkommen globaler, satellitengestützter Navigationssysteme wurden auch global optimierte Bezugsellipsoide entwickelt, von denen das WGS84 das wichtigste ist.

Bei den meisten Empfängern ist als Grundeinstellung das WGS84 eingestellt. Auf den deutschen topographischen Karten sind die Korrekturwerte zur Umrechnung der Koordinaten des WGS84 auf das Koordinatennetz des Potsdam-Datums, welches der Karte zugrunde liegt, angegeben. Man kann an dem GPS-Empfänger auch ein anderes Kartendatum auswählen. Nur wenn das eingestellte Kartendatum mit dem der Karte zugrunde liegenden übereinstimmt, können die mit dem GPS bestimmten geographischen Koordinaten direkt auf die Karte übertragen werden (Abb. 2.17). Findet man das Kartendatum der Karte nicht in dem Menü des Empfängers oder kennt man das Kartendatum der Karte nicht, so sollte in jedem Fall das WGS84 ausgewählt werden, da es im globa-

Abb. 2.17 Fehler bei der GPS-Peilung, wenn das falsche Kartendatum aktiviert ist. Ziel ist der Turm von Schloss Hohenzollern. Die *schwarzen Skalen* geben die Abweichung in Metern vom realen Ziel an. Die größte Abweichung *links unten* beträgt 800 m. (Grundlage: Topographische Karte 1:25.000 – © Landesamt für Geoinformation und Landentwicklung Baden-Württemberg (www.lgl-bw.de), 09.2017, Az.: 2851.2-D/812)

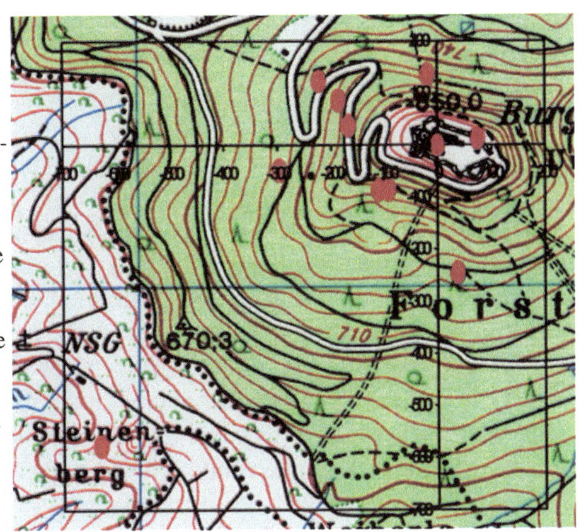

len Durchschnitt am wenigsten von den lokalen Koordinaten abweicht und das grundlegende, moderne Bezugsdatum darstellt. Zur Umrechnung der geographischen Daten von einem Bezugssystem in ein anderes gibt es Computerprogramme und Internetseiten, die entsprechende Koordinatenrechner zur Verfügung stellen (z. B. http://thw.it-rittmann.net/_v2/content/koordinatenrechner2/koordinatensuche.php).

Problematisch ist auch die *Messung der Höhe über Normal Null (NN)* mit dem GPS. Die Höhenangaben auf der Karte beziehen sich in Deutschland auf NN mit dem Amsterdamer Pegel. Das GPS berechnet die Höhe aber in Bezug auf eine Ellipsoidfläche, deren Höhenlage gegenüber dem Amsterdamer Pegel wiederum davon abhängt, welches Kartendatum benutzt wird. Die Differenz zwischen der Höhe über NN und der Höhe über dem Bezugsellipsoid des WGS84 beträgt etwa 35 m im Nordosten Deutschlands und 49 m im Süden. Der lokal korrekte Wert ist in der Legende der topographischen Karten angegeben. Viele Hersteller von GPS-Empfängern haben eine mittlere Korrektur eingerechnet. Als Folge davon stimmt die Höhe nur in etwa und kann, je nach Gegend, einmal unter und einmal über der tatsächlichen Höhe liegen. Bei den meisten Handgeräten ist deshalb die auf der Karte angegebene Korrektur

(z. B. $-48,5$ m für das Blatt 7420 „Tübingen" der TK25) *nicht* der GPS-Anzeige hinzuzuzählen. Gleichzeitig bleibt der angezeigte Wert aber auch entsprechend ungenau. Hier hilft nur, an einem Ort bekannter Höhe die Differenz zwischen der Anzeige des GPS-Gerätes und der Kartenangabe zu ermitteln und als Korrekturbetrag jeweils der GPS-Anzeige hinzuzurechnen.

Ein großes Problem bei der Koordinatenbestimmung mittels GPS ist die *Abschattung*. Ideale Messbedingungen verlangen freie Sicht in alle Himmelsrichtungen und alle Höhen. Im Wald machen Bäume eine Messung oft weitgehend unmöglich; Häuser, Hochspannungsleitungen und Felsen können zu einer ein- oder mehrseitigen Abschattung führen. Als Folge hiervon kann der GPS-Empfänger nicht genügend Satelliten empfangen und gibt eine Fehlermeldung aus. In anderen Fällen kann er nur wenige Satelliten empfangen und schaltet dann automatisch in den 2-D-Modus, d. h., er berechnet nur die Lagekoordinaten, bestimmt aber nicht die Höhe. In diesem Fall ist Vorsicht geboten, denn auch die Lagekoordinaten sind dann mit einer größeren Unsicherheit behaftet und können erheblich von dem tatsächlichen Standpunkt abweichen. Besser ist es in einem solchen Fall, den Standort mit einem Polygonzug an einen bekannten Punkt anzuschließen.

Bei der Benutzung des GPS-Gerätes ist auch darauf zu achten, welches *Anzeigeformat* man für die Lagekoordinaten wählt. Wählt man z. B. eine Anzeige in Grad, Minuten und Sekunden aus, so entspricht 1 Breitensekunde 31 m. Die Genauigkeit des GPS (Standardabweichung 6 m) kann also gar nicht ausgeschöpft werden, wenn nicht die Sekunden mit mindestens einer Nachkommastelle angezeigt werden. Die UTM-Koordinatenanzeige gibt die Koordinaten immer mit Metergenauigkeit an und lässt sich auch schnell auf die Karten übertragen. Allerdings verändert sich aufgrund stochastischer Schwankungen der Messwert in der letzten Stelle ständig. Hierzu sollte man also die Messung einige Zeit beobachten und etwa den Mittelwert benutzen.

Je nach Anzeigeformat der Koordinaten kann die Genauigkeit des GPS (der 1-σ-Bereich ist in Abb. 2.18 als rote Kreisfläche eingezeichnet) nicht ausgenutzt werden. Die Koordinatenanzeige in Grad und Minuten (mit zwei Dezimalstellen) (grün) kommt dem Bereich der Standardabweichung sehr nahe. Mit der Angabe in UTM-Koordinaten sind die ausgegebenen Werte auf 1 m genau ausgewiesen und schwanken deshalb

Abb. 2.18 Ableseungenauigkeit der Koordinatenangabe in Abhängigkeit vom Ausgabeformat

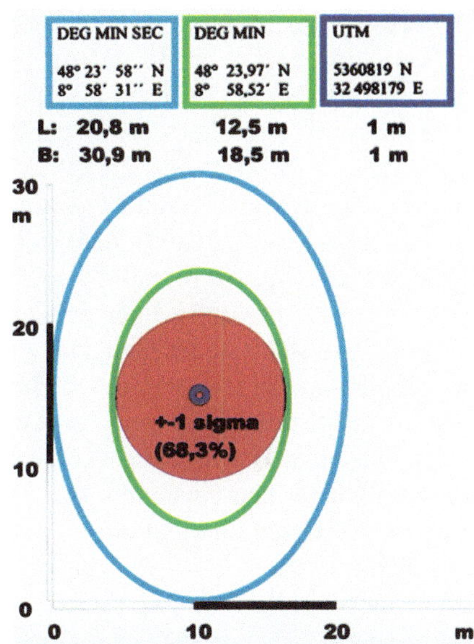

während der Messung (68,3 % der Werte liegen in dem roten Kreis). Man muss also länger beobachten und den Mittelwert bilden. Im Vergleich zu diesen Ungenauigkeiten der Anzeige ist jedoch die richtige Wahl des Kartendatums viel wichtiger.

2.4 Höhenmessung

2.4.1 Barometrische Höhenmessung

Diese Methode beruht auf der Tatsache, dass der Luftdruck mit zunehmender Höhe abnimmt. Der Höhenmesser misst den Luftdruck entweder mechanisch (Prinzip des Aneroidbarometers mit einer Druckdose und einer Hebelübersetzung auf den Zeiger) oder mit einem elektronischen Sensor. Bei mechanischen Höhenmessern finden sich eine Luftdruckskala mit Millibarteilung und außen eine drehbare Höhenskala mit Meterteilung. Damit die Ablesegenauigkeit nicht zu sehr eingeschränkt wird, ist auf dem Höhenring oft nur ein Höhenbereich von 1000 m abgetragen. Höhere Werte findet man dann in anderen Farben darunter gedruckt. Übersteigt man diese Höhe, so wechselt ein Kontrollfeld seine Farbe und zeigt an, dass man nun den Höhenwert auf der entsprechend farbigen Skala ablesen muss (z. B. 0–1000 m schwarz, 1000–2000 m grün, 2000–3000 m rot).

Vor Beginn einer Geländebegehung muss man den Höhenmesser richtig einstellen. Hierzu begibt man sich an einen Standort, dessen genaue Höhe aus der Karte entnommen werden kann, und verdreht die Höhenskala so weit, bis der Zeiger den entsprechenden Höhenwert anzeigt. Bewegt man sich nun im Gelände, so kann man die jeweilige Höhe immer direkt am Zeiger ablesen. Da sich im Laufe des Tages der Luftdruck ändern kann, muss man von Zeit zu Zeit den Höhenmesser an Standorten bekannter Höhe (Karte!) kontrollieren und gegebenenfalls den Höhenring wieder neu einstellen. Angaben über den Luftdruck und die zu erwartende Druckentwicklung im Laufe der nächsten Tage erhält man aus dem Internet (z. B. www.wetterzentrale.de).

2.4.2 Nivellement

Das Nivellement dient dazu, Höhendifferenzen zwischen den Endpunkten einer Strecke zu messen. Hängt man mehrere Messstrecken aneinander zu einem Streckenzug, so lässt sich aus den Höhendifferenzen ein Höhenprofil konstruieren. Für einfache Nivellierungsaufgaben kann man ein Klinometer oder ein Handnivellier benutzen. Einigermaßen genaue Messungen für ein Profil sind jedoch nur dann zu erwarten, wenn das Instrument auf einem Stativ befestigt werden kann, damit die Instrumentenhöhe konstant bleibt. Freihand können nur überschlagsmäßige Nivellements ausgeführt werden, die aber an steilen Hängen durchaus zu brauchbaren Profilen bei einer groben Geländeaufnahme führen können.

Kleinräumige Nivellements, zum Beispiel auf einer Grabungsfläche, können mit ausreichender Genauigkeit auch mit einer Laserwasserwaage durchgeführt werden. Für genaue Messungen wird ein Libellen- oder Automatik-Nivellier auf einem Stativ benutzt (Abb. 2.19).

Zunächst wird an einem Ende der ersten Teilstrecke eine Nivellierlatte auf einem Lattenfuß aufgestellt. Sie wird entweder von einer Person mit Hilfe eines Lattenrichters senkrecht gehalten oder mit einem Lattenstativ

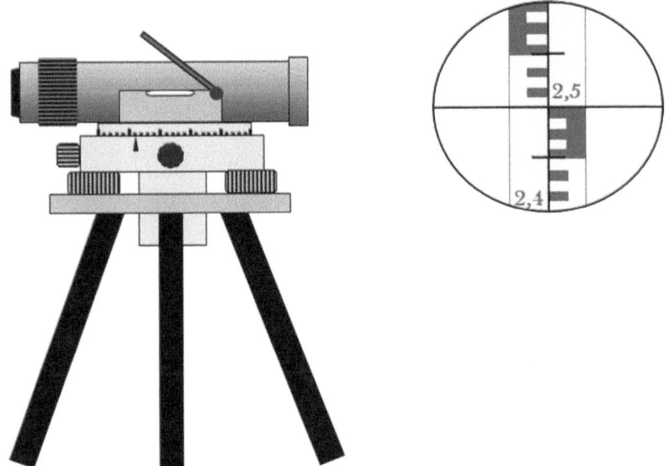

Abb. 2.19 Ablesen der Messwerte eines Nivelliergerätes

aufgestellt. Das Nivellier wird etwa in die Mitte in einiger Entfernung von der Latte in Richtung der Messstrecke aufgestellt (Abb. 2.20). Die Entfernung hängt von der Geländeneigung und der Genauigkeit des Nivellements ab und kann wenige Meter bis einige hundert Meter betragen. Nach dem Horizontieren des Gerätes peilt man die Latte an und liest den ersten Wert r_1 (Rückblick) ab (notieren!). Dann wird die Messlatte in Punkt 2 aufgestellt, das Nivellier auf sie ausgerichtet und der Wert V_1 (Vorblick) abgelesen und notiert. Die Differenz $v_1 - r_1 = \Delta h$ ist die Höhendifferenz zwischen den beiden Streckenendpunkten. Dann versetzt man das Nivellier und peilt zunächst wieder zurück auf die Latte, die noch immer am Endpunkt der ersten Strecke steht (r_2). Dann wird wieder die Latte versetzt und so fort, bis das gesamte Profil aufgenommen ist (Abb. 2.21). Nivellierinstrument und Latte werden immer abwechselnd versetzt, nie gleichzeitig! Die Auswertung erfolgt später rein rechnerisch.

Beim Nivellieren sind die Wechselpunkte wenn möglich so zu wählen, dass jeweils die Entfernungen für den Vorblick und den Rückblick bei einer Messstrecke etwa gleich lang sind. Wichtig ist es, die Abstände klein genug zu wählen, damit alle wichtigen Details des Profils erfasst werden. Für jeden Lattenstandpunkt müssen die Koordinaten bestimmt werden (Abschn. 2.3.7.2.). Bei Nivellierlatten mit Zentimeterteilung müssen die Millimeter geschätzt werden. Ein Zahlenbeispiel für die Auswertung zeigt Abb. 2.22.

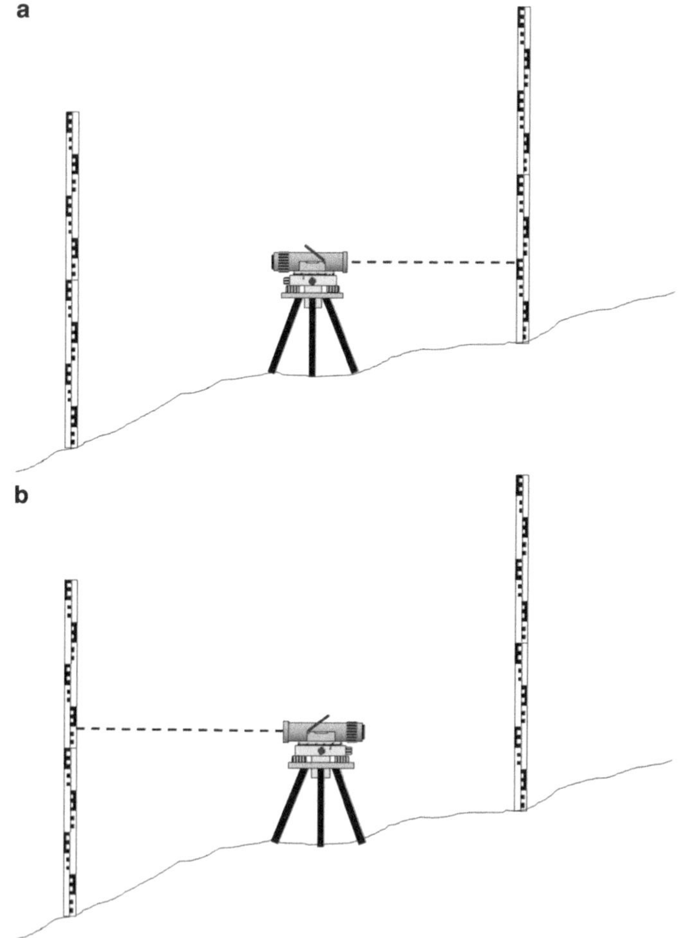

Abb. 2.20 Nivellement. Einzelschritt mit Vorpeilung (**a**) und Rückpeilung (**b**)

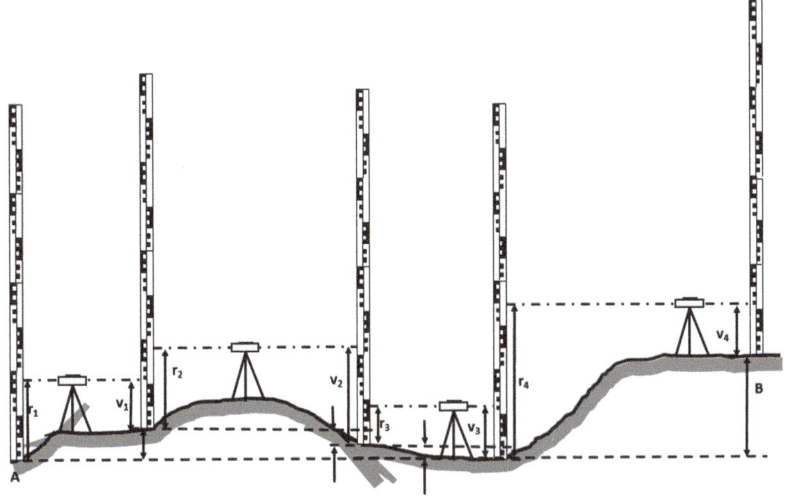

Abb. 2.21 Nivellement. Gesamtstrecke

Beispiel eines Nivellements (Angaben in m):

Punkt Nr.	Ablesung R	V	Höhenunterschied ΔH	Höhe H	Ostwert	Nordwert
1	2,153	---	---	316,234	502231	5372841
2	0,762	1,634	+ 0,519	316,753	502242	5372857
3	0,843	1,255	- 0,872	315,881	502261	5372863
4	1,937	1,131	- 0,412	315,469	502279	5372877
5	2,269	1,424	+ 0,513	315,982	502292	5372885
6	2,344	1,153	+ 1,116	317,098	502314	5372897
.	.	.	.	.	.	.
.	.	.	.	.	.	.

Abb. 2.22 Zahlenbeispiel eines Nivellements

2.4.3 Trigonometrische Höhenmessung

Mit Hilfe der trigonometrischen Höhenmessung können Höhen von unzugänglichen Punkten (z. B. einer senkrechten Aufschlusswand) gemessen werden. Hierzu kann, je nach gewünschter Genauigkeit, ein Klinometer oder ein Theodolit benutzt werden. Klinometer sind vergleichsweise weniger genau, jedoch leicht zu transportieren. Sie sind deshalb für Aufnahmen während einer Kartierung oder kurzen Geländebegehung sehr gut geeignet. Viele Klinometer besitzen zwei Skalen: eine 360°-Winkelskala und eine Prozentskala. Letztere erlaubt schnelle Überschlagsrechnungen der zu messenden Höhe. Die Prozentwerte berechnen sich nach der Formel

$$h\,(\%) = 100 \cdot \tan\alpha$$

und geben die Höhe (h) in Prozent der Entfernung zum Lotfußpunkt an. Ein Höhenwinkel von 45° entspricht einem Prozentwert von 100 % (tan 45° = 1), d. h., die Höhe entspricht genau der Entfernung. Möchte man ein vertikales Profil (Aufschlusswand) im Detail aufnehmen, so ist ein Theodolit vorzuziehen. Neben der höheren Genauigkeit bietet er den Vorzug, sehr schnell eine große Serie von Höhenwinkelmessungen ausführen zu können. Die Berechnung erfolgt in allen Fällen mit denselben Gleichungen. Die Wahl der jeweiligen Berechnungsmethode hängt davon ab, ob die genaue Entfernung zum Höhenfußpunkt bekannt ist (z. B. Messung einer Baumhöhe) oder nicht (z. B. Aufschlusswand mit Schuttkegel am Fuß). Bei der Benutzung des Klinometers muss berücksichtigt werden, welche der Skalen benutzt wird (360°-Skala oder Prozentskala). Bei der Benutzung eines Theodolites werden die Formeln für die 360°-Skala benutzt.

2.4.3.1 Instrument liegt über dem Lotfußpunkt – Entfernung bekannt

Man misst zunächst den Winkel zur Spitze des Objektes α, notiert den Wert und misst dann den Winkel zur Basis des Objektes β ($\beta < 0°$). Anschließend misst man die genaue Entfernung des Standortes zur Basis des Objektes d (Abb. 2.23). Bei Benutzung eines freihändig gehaltenen Klinometers kann auch nur der Winkel α gemessen und die Höhe um die Augenhöhe h_{Auge} ergänzt werden. Sie kann mit einem Metermaß gemessen werden. Benutzt man den Theodolit, so ist die Höhe der horizontalen Achse des Theodolites über dem Boden zu messen und als h_{Auge} einzusetzen. Die Berechnung erfolgt nach folgenden Formeln:

$$h = d \cdot (\tan\alpha + \tan\beta)$$
$$h = d \cdot \tan\alpha + h_{Auge}$$
$$h = (\alpha\,\% + \beta\,\%) \cdot d$$

Beispiel $\alpha = 37°$, $\beta = 23{,}6°$, $d = 4\,m$. Die Höhe des Objektes beträgt 4,76 m.

Beispiel $\alpha = 37°$, $h_{Auge} = 1{,}75$, $d = 4\,m$. Die Höhe des Objektes beträgt 4,76 m.

2.4.3.2 Instrument liegt unter dem Lotfußpunkt – Entfernung bekannt

Man misst wiederum den Winkel zur Spitze des Objektes α, notiert den Wert und misst dann den Winkel zur Basis des Objektes β ($\beta \geq 0°$) und schließlich die genaue Entfernung des Standortes zur Basis des Objektes d (Abb. 2.24). Die Berechnung erfolgt nach folgenden Formeln:

$$h = d \cdot (\tan \alpha - \tan \beta)$$
$$h = (\alpha\,\% - \beta\,\%) \cdot d$$

Beispiel $\alpha = 56°$, $\beta = 8°$, $d = 6\,m$. Die Höhe des Objektes beträgt 8,05 m.

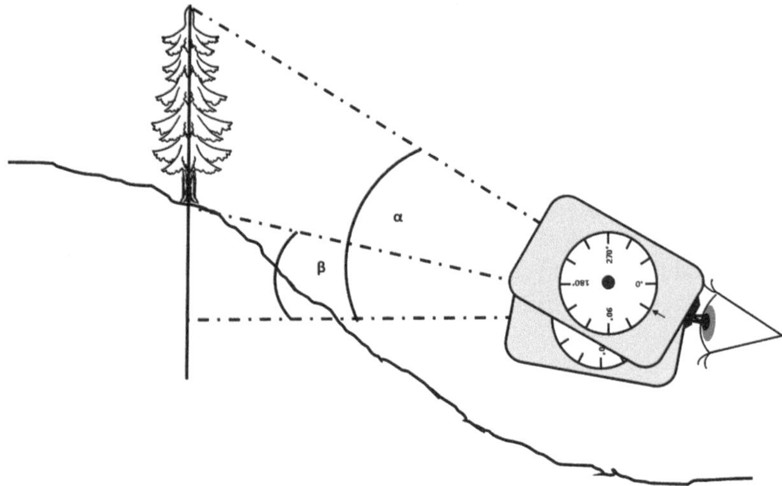

Abb. 2.23 Trigonometrische Höhenmessung mit dem Klinometer. Instrument befindet sich über dem Lotfußpunkt

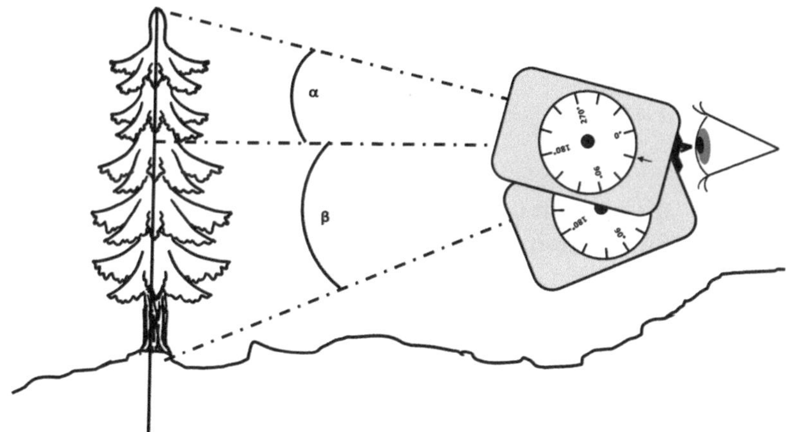

Abb. 2.24 Trigonometrische Höhenmessung mit dem Klinometer. Instrument befindet sich unter dem Lotfußpunkt

2.4.3.3 Instrument liegt über dem Lotfußpunkt – die genaue Entfernung ist nicht zu messen

Diese Situation ist oft bei der Höhenmessung von Hügeln oder von Aufschlusswänden mit Schuttkegel am Fuß gegeben (Abb. 2.25). In diesem Fall misst man zunächst den Höhenwinkel zur Spitze des Objektes, dann geht man um die Strecke d näher an das Objekt heran und misst ein zweites Mal die Höhe zur Spitze des Objektes. Dabei bedeutet h_{Auge} wiederum die Augenhöhe (bei der freihändigen Benutzung eines Klinometers) bzw. die Höhe der horizontalen Achse des Theodolites über dem Boden. Die Berechnung der Höhe und der Entfernung des ersten Peilpunktes zum Lotfußpunkt erfolgt dann nach folgenden Formeln:

$$h = \frac{d}{\left(\frac{1}{\tan\alpha} - \frac{1}{\tan\beta}\right)} + h_{Auge}$$

$$h = \frac{d}{(\cot\alpha - \cot\beta)} + h_{Auge}$$

$$x = \frac{(h - h_{Auge})}{\tan\alpha}$$

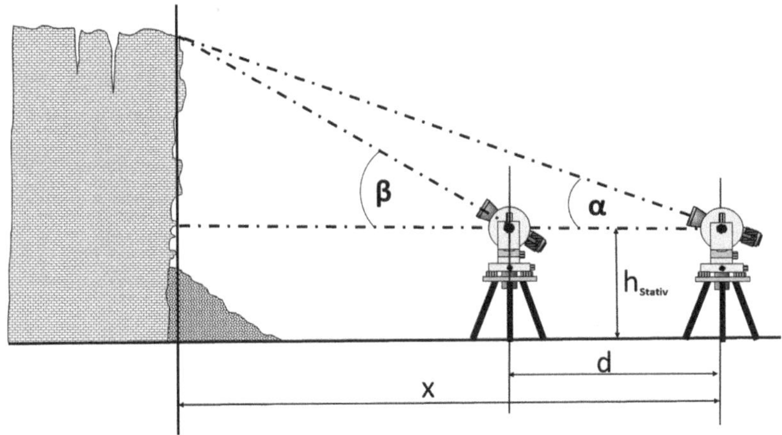

Abb. 2.25 Trigonometrische Höhenmessung mit dem Theodolit im Aufschluss. Instrument befindet sich über dem Lotfußpunkt, und dessen Entfernung ist nicht genau messbar

Beispiel $\alpha = 40{,}6°$, $\beta = 56{,}3°$, $d = 6$ m. Die Höhe des Objektes beträgt 12 m.

2.5 Messungen mit dem Geologenkompass

Der Geologenkompass dient dazu, Lineare und Flächen in ihrer räumlichen Orientierung einzumessen. Die genaue Ausführung der Messung hängt von der Bauart des Kompasses ab (Einkreis-Geologenkompass, Gefügekompass, Brunton-Kompass).

2.5.1 Messung von Richtungen auf horizontalen Schichtflächen

Soll ein lineares Objekt (z. B. ein Fossil) auf einer horizontalen Schichtfläche eingemessen werden (Abb. 2.26), so legt man den Kompass mit einer Längskante an das Objekt an, löst die Arretierung der Nadel und

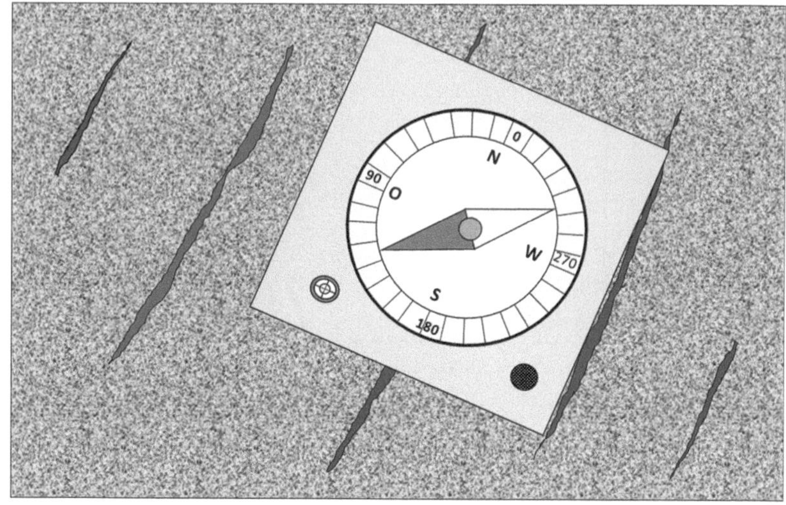

Abb. 2.26 Einmessen eines Linears mit dem Geologenkompass

lässt diese einspielen. Wenn dies geschehen ist, liest man den Richtungswinkel ab. Hat das Objekt eine Orientierung (z. B. die Kopf-Schwanz-
Richtung bei einem Fisch), so muss darauf geachtet werden, an welcher
Nadelspitze der Winkel abgelesen wird, damit er die gewünschte Orientierung wiedergibt.

2.5.2 Messung des Streichens und Fallens mit dem Geologenkompass

Zur Einmessung geneigter Schichten oder Lineare müssen neben der
horizontalen Streichrichtung auch die Neigung, also das Einfallen der
Schicht oder des Linears, gemessen werden. Die Richtung des Einfallens steht immer senkrecht auf der Streichrichtung.

Zur Messung der *Streichrichtung* mit dem Geologenkompass (Ein-
kreisbussole) einer geneigten Fläche wird der Kompass mit der Anlegekante an die Schichtfläche gehalten (Abb. 2.27). Mit Hilfe der Libelle

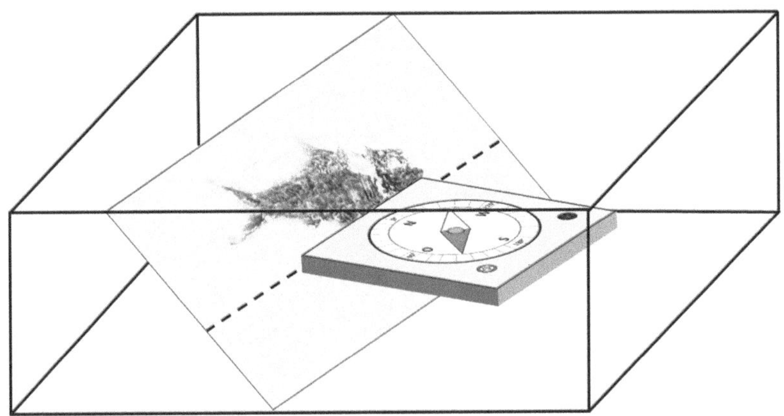

Abb. 2.27 Messen der Streichrichtung einer Schichtfläche mit dem Geologenkompass

prüft man, ob der Kompass horizontal gehalten wird, und korrigiert gegebenenfalls, indem man den Kompass sowohl um die Anlegekante kippt als auch um die horizontale Achse, die senkrecht auf der Anlegekante steht, dreht.

Wenn der Kompass horizontal orientiert ist, löst man die Nadelarretierung und liest nach dem Ausschwingen der Nadel ab.

Der Fallwinkel wird in einem zweiten Arbeitsgang gemessen. Hierzu wird der Geologenkompass senkrecht zu der gerade gemessenen Streichrichtung auf der Schichtfläche orientiert und auf die Anlegekante gestellt (Abb. 2.28). (Die Fallrichtung kann man sich auf der Schichtfläche markieren, bevor man den Kompass nach Ablesung des Streichwinkels vom Gestein abhebt.) Dann löst man das Klinometer aus und liest den Winkel des Einfallens ab.

Etwas komplizierter gestaltet sich das Einmessen eines Linears auf einer geneigten Fläche. Um die vollständige Orientierung festzuhalten, müssen in diesem Fall das Streichen und das Fallen des Linears gemessen werden. Hierzu benötigt man eine Hilfsfläche (Plastikplatte, Aluminiumplatte, Feldbuch etc.). Diese Hilfsfläche wird zunächst auf das Linear gestellt und mit Hilfe des Klinometers im Kompass vertikal ausgerichtet.

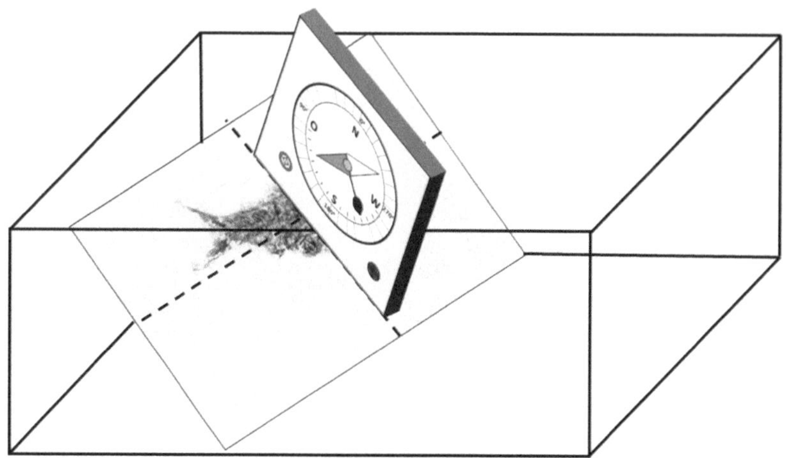

Abb. 2.28 Messung des Einfallens einer Schichtfläche mit dem Geologenkompass

Dann legt man den Kompass an die Hilfsfläche an und richtet ihn mit der Libelle horizontal aus, löst die Nadelarretierung und liest nach dem Ausschwingen der Nadel die Streichrichtung ab. Schließlich setzt man den Kompass auf die Kante der Hilfsfläche auf und misst das Fallen des Linears mit dem Klinometer.

Der Brunton-Kompass wird analog zum Geologenkompass benutzt. Durch den aufklappbaren Deckel wird die Anlegekante verlängert. Das Klinometer trägt eine Libelle und pendelt sich nicht selbsttätig ein, sondern wird mit Hilfe eines Hebels an der Gehäuserückseite eingestellt. Zur Messung des Streichens wird der Kompass aufgeklappt und mit der Anlegekante an die Schichtfläche angelegt. Mit Hilfe der Libelle orientiert man den Kompass so, dass er horizontal liegt, löst die Arretierung der Nadel und liest den Streichwinkel an der Nadelspitze ab. Zur Messung des Fallens wird der Kompass senkrecht zur Streichrichtung auf die Anlegekante gestellt und dann der Hebel auf der Rückseite des Gerätes so weit geschwenkt, bis die Libellenblase des Klinometers zwischen den beiden Markierungen eingespielt ist. Dann kann an der Klinometerskala der Wert des Einfallens abgelesen werden.

2.5.3   Messung der Richtung des Grades des Einfallens mit dem Gefügekompass (Clar-Kompass)

Der Gefügekompass oder Clar-Kompass ist heute in Europa der gebräuchlichste Kompass für geologische Messungen. Es handelt sich hierbei um eine Zweikreisbussole, d. h., die Winkelskala für die horizontale Winkelmessung mit der Magnetnadel und die Winkelskala für die Messung des Einfallens sind senkrecht zueinander angeordnet, so dass die Messung von Fallrichtung und Einfallwinkel in einem Arbeitsgang ohne Umsetzen des Kompasses erfolgen kann (Abb. 2.29 und 2.30).

Zur Messung wird die Anlegeplatte (Fallmessplatte) aufgeklappt und auf die Schichtfläche aufgelegt. Dann dreht man den Kompass um die

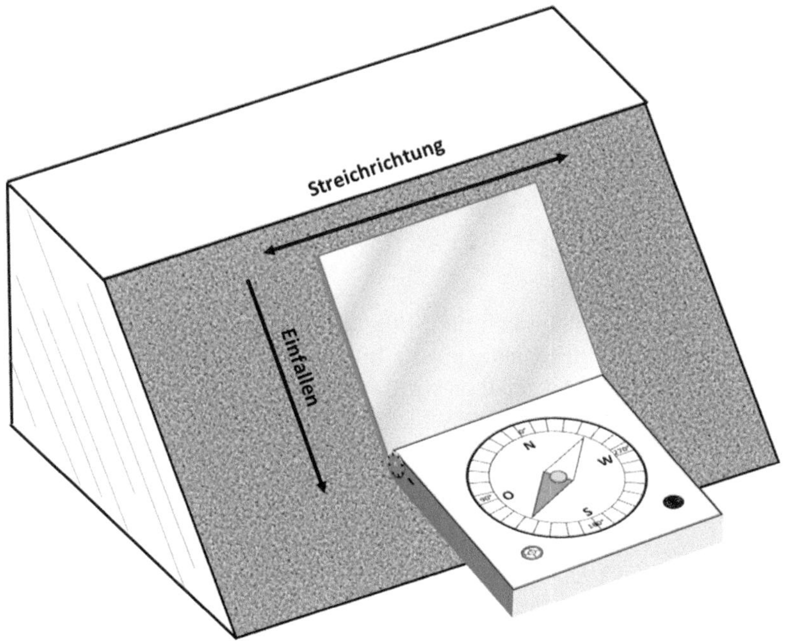

Abb. 2.29 Messung des Fallens und des Streichens in einem Arbeitsgang mit dem Gefügekompass im Liegenden

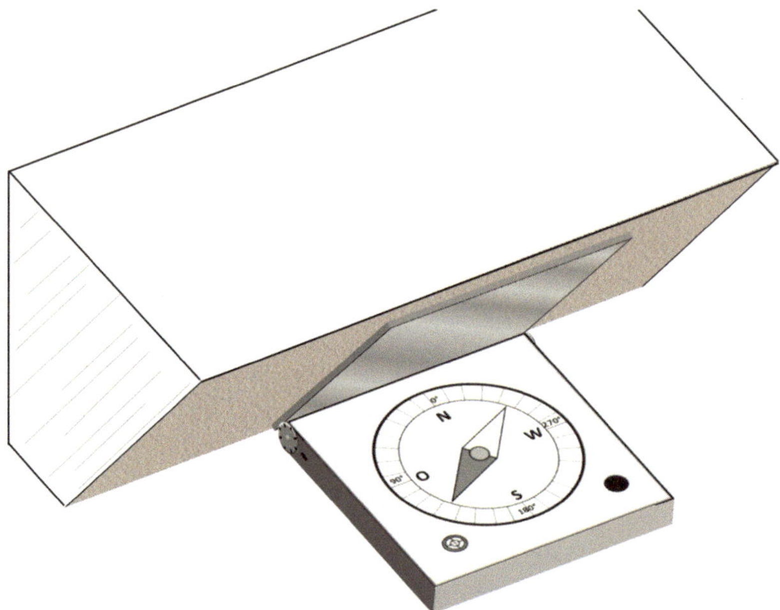

Abb. 2.30 Messung des Fallens und des Streichens in einem Arbeitsgang mit dem Gefügekompass im Hangenden

Flächennormale, die durch die Mitte der Anlegeplatte verläuft, und um die Achse der Anlegeplatte, bis die Libelle eingespielt ist und der Kompass somit horizontal gehalten wird. Während dieses Vorganges muss die Anlegeplatte immer auf der Schichtfläche aufliegen (Abb. 2.31). Dann löst man die Arretierung der Kompassnadel aus und liest, nach dem Ausschwingen der Nadel, am richtigen Nadelende ab. Dieses wird durch den Farbsektor an der vertikalen Winkelskala angegeben. Befindet sich die Ablesemarkierung im schwarzen Skalensektor, so wird die Fallrichtung am schwarzen Ende der Magnetnadel abgelesen. Befindet sich die Ablesemarke im roten Skalensektor, so muss der Fallwinkel an der roten Spitze der Magnetnadel abgelesen werden.

Soll anstelle der Richtung des Einfallens die Streichrichtung gemessen werden, so kann man bei den meisten Kompassen mit Hilfe einer Schraube die Skala um 90° verdrehen.

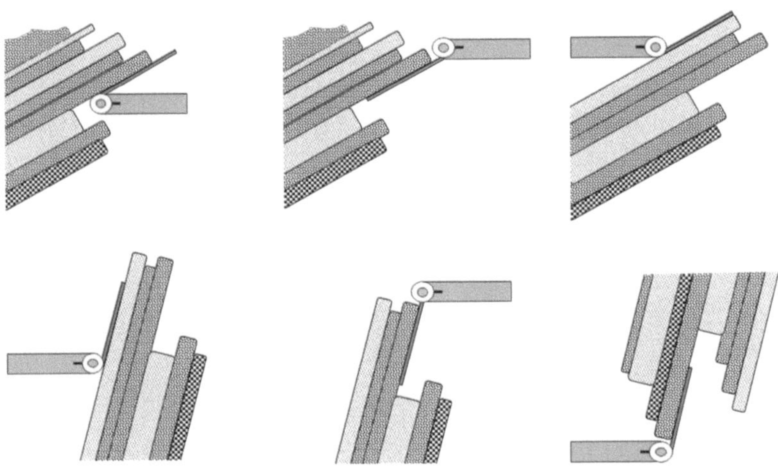

Abb. 2.31 Verschiedene Möglichkeiten, den Gefügekompass im Gelände anzulegen

Auch das Einmessen eines Linears auf einer geneigten Schichtfläche gestaltet sich mit dem Gefügekompass wesentlich einfacher als mit dem Geologenkompass. Man legt die Anlegekante der Fallmessplatte an das Linear an und orientiert den Kompass durch Drehung um die Anlegekante sowie um die Gelenkachse der Fallmessplatte horizontal. Dann löst man die Arretierung der Magnetnadel, lässt die Nadel einschwingen und liest die Richtung an der Magnetnadel und das Einfallen an der Skala der Fallmessplatte ab.

Die Beschreibung des Messvorganges zeigt sofort die Vorteile des Gefügekompasses. Durch die zwei getrennten Winkelmesskreise ist die Handhabung wesentlich einfacher, und Messungen sind schneller durchzuführen. Allerdings ist der Skalenkreis der Fallmessplatte konstruktionsbedingt relativ klein und hat nur eine in 5°-Abschnitte unterteilte Skala. Zwischenwerte müssen geschätzt werden. Einige Modelle (z. B. der Firma Büchi) besitzen 2° breite Skalenstriche, deren Überlappungsgrad das exakte Ablesen von einzelnen Graden erlaubt.

Einige Gefügekompasse kombinieren die Vorteile der hohen Genauigkeit des Klinometers eines Geologenkompasses mit den Vorteilen der Handhabung des Clar-Kompasses, indem sie zusätzlich zu der Fallmessskala ein Klinometer besitzen. Solche Kompasse können, je nach Anforderung, wie ein Geologen- oder ein Gefügekompass eingesetzt werden. Auch das Brunton-Kompass-Modell GeoTransit besitzt zusätzlich zum Klinometer die Fallmessplatte und eine Fallmessskala. Letztere ist bei diesem Modell größer ausgebildet als bei vielen Gefügekompassen und ist in 2°-Intervalle eingeteilt.

Eine sehr empfehlenswerte Ergänzung zu jedem Geologenkompass ist eine Hilfsplatte, die etwa DIN-A5-Format besitzt. Wie oben bereits dargestellt, braucht man für die Einmessung eines Linears auf geneigten Flächen mit dem Geologenkompass eine Hilfsplatte. Aber auch bei Messungen von unebenen Schichtflächen ist es oft schwierig, die relativ kleine Anlegeplatte eines Gefügekompasses so anzulegen, dass sie tat-

Abb. 2.32 Mit einer unmagnetischen dünnen Hilfsplatte aus Aluminium oder Kunststoff kann der Gefügekompass auch benutzt werden, wenn keine ausreichend große Schichtfläche zur Verfügung steht. Hierzu wird die Hilfsplatte in einen schichtparallelen Spalt geschoben und der Kompass dann auf der Platte angelegt

sächlich parallel zur wahren Schichtfläche liegt. In diesen Fällen hilft eine Hilfsplatte aus *nichtmagnetischem Material*. Im Notfall kann auch das Feldbuch benutzt werden, doch dieses ist ebenfalls selten eine wirklich gute, ebene Fläche. Besser ist es, wenn man sich eine Aluminiumplatte (ca. 1 mm dick) oder Kunststoffplatte (1–2 mm dick) mit abgerundeten Ecken besorgt (zur Not ein Frühstücksbrettchen aus Hartkunststoff). Sie sollte in die Feldtasche passen, damit sie immer griffbereit ist. Mit ihrer Hilfe können nicht nur die oben genannten Aufgaben besser gelöst werden, sondern es können auch Messungen in Fällen vorgenommen werden, in denen sich mit einem Kompass allein keine Daten gewinnen lassen. Oft sind an einer Aufschlusswand zwar die Stirnseiten der Schichtflächen zu erkennen, doch ist keine Schichtfläche so weit zugänglich, dass man einen Kompass anlegen könnte. In solchen Fällen kann man die Hilfsplatte in die Schichtfuge einschieben (Abb. 2.32) und an der hervorstehenden Plattenfläche mit dem Kompass die Messungen des Streichens und Fallens vornehmen. Auf diese Weise lässt sich die Anzahl der Messungen im Kartiergebiet in vielen Fällen deutlich erhöhen.

2.6 Profilaufnahme und Geländeschnitt

Ziel der Erstellung eines geologischen Profils ist entweder die Erstellung eines *Geländeschnittes*, in welchem die an der Oberfläche anstehenden Gesteinsschichten maßstabsgerecht in Dicke und Neigung sowie tektonische Störungen dargestellt sind, oder die maßstabsgerechte Darstellung der übereinanderliegenden Gesteinsschichten in Form eines *Vertikalprofils*, unabhängig davon, welche Neigung die Schichten im Gelände haben. Hier sollen nur die Messtechniken und die Erstellung eines Profils aus den Messdaten besprochen werden. Die Ansprache der Gesteine, die Integration in den geologischen Gesamtzusammenhang und die Konstruktion von Profilen aus geologischen Karten bleiben den entsprechenden Kursen und Büchern über die Anfertigung und Interpretation geologischer Karten vorbehalten.

Unabhängig von der Art der graphischen Darstellung eines geologischen Profils (Geländeschnitt oder Vertikalprofil) müssen zunächst die Dicken der einzelnen, lithologisch zu differenzierenden Schichtglieder gemessen werden. Da die Schichtdicke senkrecht zur Schichtfläche gemessen werden muss, ist es notwendig, zuvor das Einfallen der Schicht zu messen. Bei ausreichend stark geneigten Schichten kann das Einfallen wie in Abschn. 2.5.2 beschrieben mit dem Geologenkompass gemessen werden. Fallen die Schichten nur sehr schwach ein, so kann es notwendig sein, dies mit Hilfe eines Nivellements zu messen und den Einfallwinkel zu berechnen. Zur Profilaufnahme müssen in Form einer Tabelle die gemessenen Schichtdicken und die lithologische Ausprägung der einzelnen Schichten aufgenommen werden. Aus dieser Tabelle lässt sich später das maßstabsgerechte Vertikalprofil konstruieren. Für den Geländeschnitt muss zusätzlich das Einfallen der Schichten aufgenommen und mit Hilfe eines Nivellements das Geländeprofil erfasst werden (Abschn. 2.4.2). In jedem Fall empfiehlt es sich, eine oder mehrere Freihandskizzen des Profils im Gelände anzufertigen, in die wichtige lithologische Informationen und Bezugspunkte eingetragen werden sollten.

Um die Daten im Gelände aufzunehmen, bedient man sich am besten eines mehrspaltigen Formulars. Im Kopf des Formulars sollten die Profilnummer, die Aufschlussnummer, das Datum und der Maßstab der Skala eingetragen werden. In einer mit einer maßstäblichen Skala versehenen Spalte werden graphisch die Gesteinspakete mit entsprechender Signatur gemäß ihrer lithologischen Ansprache in der gemessenen Dicke eingezeichnet. Jeweils an die Grenze zwischen zwei aufeinanderfolgenden lithologischen Einheiten wird eine Zahlenangabe der Profildicke von der Basis des Profils bis zu der betreffenden Grenze notiert. In einer Spalte daneben können weitere Messdaten wie Fallen oder Streichen, Koordinaten von Profilpunkten etc. notiert werden. Eine vierte Spalte kann für Bemerkungen zur Verfügung stehen.

Im ersten Beispiel soll die Profilaufnahme einer senkrechten Wand, z. B. an einer Steilküste oder einer Steinbruchwand, demonstriert werden (Abb. 2.33). Die Schichtdicken können trigonometrisch mit einem Klinometer oder genauer einem Theodolit gemessen werden. Zunächst bestimmt man die Entfernung des Standortes von der Aufschlusswand. Mit dem Messinstrument wird von der Basis des Aufschlusses aufwärts jede Schicht fortlaufend nummeriert, lithologisch charakterisiert und der Winkel zur jeweiligen Schichtgrenze notiert. Zur Auswertung werden trigonometrisch die Winkelwerte in Höhenmeter umgerechnet. Hierbei muss jeweils die Augeshöhe (bzw. die Instrumentenhöhe) hinzugezählt werden. Die Differenz zwischen dem Profilhöhenwert der Untergrenze

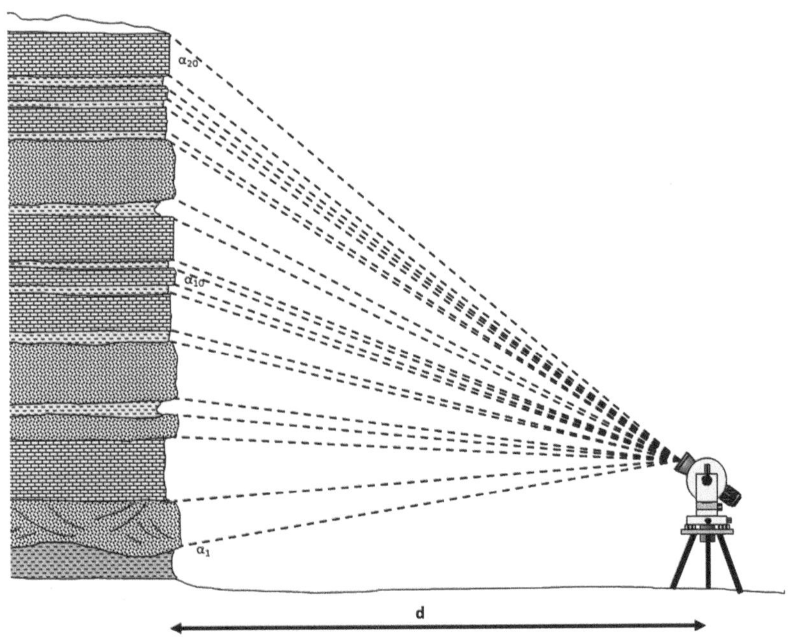

Abb. 2.33 Aufnahme eines vertikalen Profils mit dem Theodolit

und der Obergrenze der Schicht ergibt bei horizontalen Schichten die Schichtdicke.

Fallen die Schichten mit dem Winkel α ein, so muss für jede Schicht die wahre Schichtdicke (d) gemäß der Gleichung:

$$d = h \cdot \cos \alpha$$

aus der an der Stirnfläche gemessenen bzw. trigonometrisch berechneten Schichthöhe (h) berechnet werden (Abb. 2.34). Aus diesen korrigierten Schichtdicken wird dann das Profil konstruiert.

Völlig anders gestaltet sich dagegen die Profilaufnahme in hügeligem Gelände, z. B. in Badlands. Zur Vermessung des Profils wird der Jakobsstab benutzt. Es handelt sich um einen 1,5 m langen Stab, an dessen oberem Ende ein Klinometer befestigt ist. Zunächst müssen die Rich-

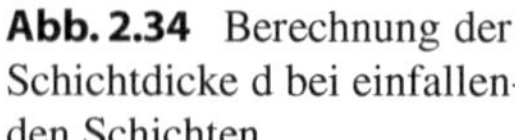

Abb. 2.34 Berechnung der Schichtdicke d bei einfallenden Schichten

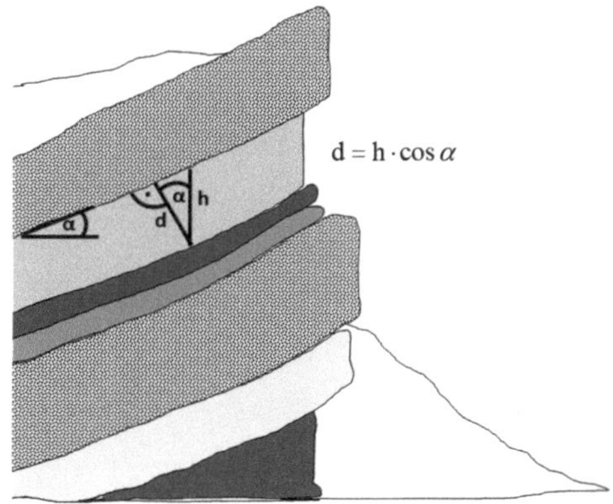

tung und der Betrag des Einfallens der Schichten bekannt sein. Man setzt den Stab an der Basis des Profils auf den Boden auf und neigt ihn in der Richtung des Fallens der Schichten, bis das Klinometer den Winkel des Einfallens anzeigt. Dann visiert man über die Oberkante des Instrumentes und merkt sich die Stelle am Boden, die auf diese Weise anvisiert worden ist. Anschließend versetzt man den Stab auf diese Stelle und wiederholt den Vorgang, bis man das Profil ausgemessen hat. Muss man bei der Profilaufnahme seitlich versetzen, so visiert man den nächsten Etappenpunkt der Profilaufnahme nach der Seite über den Peilkreis an.

Für jede Etappe muss einmal die Stablänge zum Profil hinzugerechnet werden (1,5 m). Auf diese Weise können schnell mehrere Kilometer Profil aufgenommen werden. Vorteilhaft ist die Befestigung eines Abney-Handgefällemessers an der Spitze des Stabes (Höhe des Visierdrahtes über der Stabspitze beachten!). An diesem kann der Winkel des Einfallens fest eingestellt und mit einer Arretierschraube fixiert werden. Zum Peilen visiert man dann durch das Instrument und neigt den Stab so weit, dass die Libellenblase auf dem Visierdraht zu liegen kommt. Im Gegensatz zum Pendelklinometer kann man nun auch beim Peilen die korrekte Neigung des Stabes kontrollieren.

Zur Konstruktion des Vertikalprofils werden die direkt ermittelten Schichtdicken benutzt. Eine Korrektur für das Einfallen entfällt, da dies bereits durch die Neigung des Stabes geschehen ist. Zur Aufnahme eines Geländeschnittes mit den geologischen Schichten im Untergrund wird zunächst mit einem Nivellier (zur Not auch einem Klinometer oder Handnivellier) ein Profil aufgenommen (Messpunktkoordinaten und Höhenwert). Dabei muss darauf geachtet werden, dass jeweils an den Schichtgrenzen ein Messpunkt zu liegen kommt. Weiterhin muss das Einfallen der Schichten gemessen werden. Zur Auswertung wird aus den Koordinaten und Höhenwerten des Profils ein Geländeschnitt gezeichnet, und an den entsprechenden Messpunkten, an denen die Schichtgrenzen anstanden, werden die Schichtgrenzen in dem richtigen Einfallwinkel eingezeichnet und die Schichten mit der entsprechenden, lithologischen Signatur versehen.

3.1 Linealkompass

Ein Linealkompass (Abb. 3.1 und 3.2) ist das ideale Instrument, um Winkel von der Karte abzulesen und in die Natur zu übertragen oder, umgekehrt, anhand von Peilungen den eigenen Standort zu bestimmen. Er sollte robust gebaut sein; Markenfirmen sind zu bevorzugen (z. B. Eschenbach, Silva, Suunto, Recta), da Billigprodukte oft keine präzise Lagerung der Kompassdose besitzen.

Diese Kompasse sind im Allgemeinen flüssigkeitsgedämpft. Die Kompassdose sollte einen griffigen Rand besitzen, damit man sie ggf. auch mit Handschuhen gut einstellen kann. Je höher die Kompassdose ist, desto weniger anfällig ist der Kompass gegen Verkanten. Die durchsichtige Grundplatte besteht aus schlagfestem Kunststoff und trägt eine Zentimeterskala, einen Richtungspfeil und am Boden der Kompassdose N-S-Linien, evtl. auch eine O-W-Linie. Sehr zu empfehlen ist ein Instrument, das zusätzlich zwei Planzeiger für die Maßstäbe 1:25.000 und 1:50.000 sowie evtl. eine Lupe enthält. Damit wird der Linealkompass zu einem universellen Karteninstrument, mit dem schnell und bequem Gauß-Krüger-Koordinaten, UTM-Koordinaten, Peilrichtungen, Schnittpunkte etc. ermittelt werden können. Zur genauen Peilung im Gelände ist

© Springer-Verlag GmbH Deutschland 2018
H.-U. Pfretzschner, *Messen im Gelände*, https://doi.org/10.1007/978-3-662-46262-1_3

Abb. 3.1 Linealkompass Suunto M-3 G. (© Suunto Oy, mit freundlicher Genehmigung)

Abb. 3.2 Linealkompass Suunto MC-2. (© Suunto Oy, mit freundlicher Genehmigung)

ein Spiegel mit einer senkrechten Peillinie zu bevorzugen. Die teureren Modelle besitzen sogar noch ein einfaches Klinometer.

Den einfachen Linealkompass hält man vor sich und peilt über den Richtungspfeil das Ziel an (Abb. 3.3). Dabei dreht man die Kompassdose so weit, bis das Nordende der Kompassnadel mit der Nordmarkierung an der Dose übereinstimmt. Genauer kann man in Augenhöhe entlang der Plattenkante peilen, doch ist das Einstellen der Kompassdose jetzt schwieriger.

Mit einem Spiegelkompass kann genauer gepeilt werden (Abb. 3.4). Er wird mit halb ausgestrecktem Arm in Augenhöhe gehalten und das Ziel über die Visiereinrichtung (Kimme und Korn) oder über den Spiegel so angepeilt, dass die senkrechte Peillinie des Spiegels genau unter dem Ziel liegt und gleichzeitig durch die Drehachse der Kompassnadel läuft. Nun stellt man die Kompassdose ein und beobachtet die Einstellung im Spiegel. So kann man bequem die Nordmarke auf das Nordende der Kompassnadel ausrichten.

Hat man die Peilung vorgenommen, so kann – ohne den Kompass ablesen zu müssen –, direkt die Peillinie auf die Karte übertragen werden, indem man den Kompass (ohne Verdrehen der Kompassdose!) so auf der

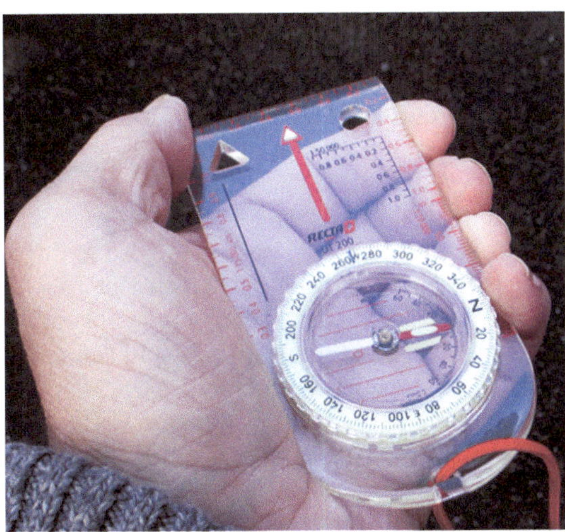

Abb. 3.3 Peilen mit dem Linealkompass

Abb. 3.4 Peilen mit dem Spiegelkompass. **a** Spiegel unterhalb der Kompassdose, Peilrichtung 324°. **b** Spiegel oberhalb der Kompassdose, Peilrichtung 310°

Karte ausrichtet, dass die vertikalen Linien am Boden der Kompassdose parallel zu den Gitterlinien ausgerichtet sind, die Nordmarkierung in Richtung Gitternord weist und eine der Plattenlängskanten durch den angepeilten Zielpunkt läuft.

Umgekehrt kann man mit dem Kompass auch einen Kurswinkel aus der Karte entnehmen (Abb. 3.5), indem man den Kompass so auf die Karte legt, dass seine Plattenkante Standort und Ziel verbindet, und dann die Kompassdose so lange dreht, bis die vertikalen Linien der Dose parallel zu den Gitterlinien stehen und die Nordmarkierung nach Gitternord weist. Es empfiehlt sich dabei, den Kompass so auszurichten, dass die Linien der Dose etwas neben den gedruckten Gitterlinien auf der Karte liegen und nicht direkt darauf. So kann man den Kurswinkel exakter einstellen. Wichtig zu wissen, ist, dass beim Arbeiten auf der Karte die Ausrichtung der Magnetnadel keine Rolle spielt. Die Karte muss auch nicht eingenordet sein.

Danach hebt man den Kompass hoch und dreht ihn so lange (wiederum, ohne die Dose zu verdrehen), bis die Magnetnadel zur Nordmar-

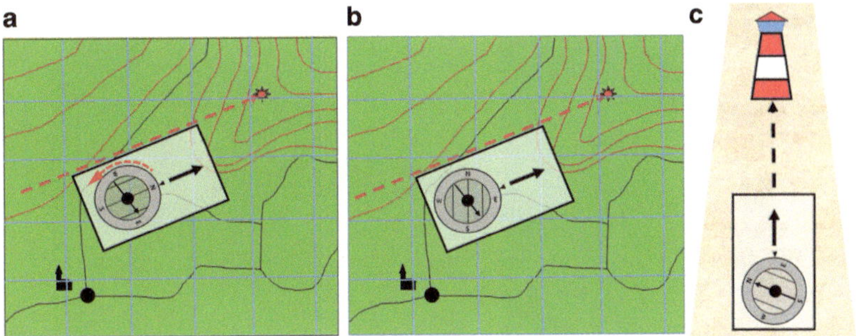

Abb. 3.5 Kurswinkel aus der Karte entnehmen und ins Gelände übertragen. **a** Der Linealkompass wird an die Peillinie auf der Karte angelegt. **b** Während der Kompass festgehalten wird, dreht man die Kompassdose so weit, bis die Nord-Süd-gerichteten Linien auf dem Boden der Kompassdose parallel zu den vertikalen Gitterlinien der Karte zu liegen kommen. Die Kompassnadel wird hierbei völlig außer Acht gelassen, und die Karte braucht auch nicht eingenordet zu sein. **c** Der Kompass wird nun ins Gelände genommen und, ohne die Einstellung der Dose zu verändern, so lange gedreht, bis die Nadel in der Dose auf N zeigt. Die Peileinrichtung des Kompasses zeigt nun in die gewünschte Peilrichtung

kierung weist. Dann zeigt der Kurspfeil im Gelände in die gewünschte Richtung.

Der Linealkompass ist für die Geländearbeit und Kartierung eine empfehlenswerte Ergänzung zum Geologenkompass.

3.2 Marschkompass

Marschkompasse (Abb. 3.6 und 3.7) funktionieren genauso wie Linealkompasse mit Spiegel. Sie besitzen jedoch im Allgemeinen eine kürzere Anlegekante und keine Planzeiger. Ihr Vorteil liegt darin, dass sie kleiner und kompakter gebaut sind und einige Modelle bessere Visiereinrichtungen besitzen. So ist z. B. ein senkrechter Visierschlitz im Spiegel im Gebirge sehr nützlich, da man sowohl schräg nach oben wie auch schräg nach unten visieren kann. Zur Standortbestimmung und zur Kurswinkelbestimmung sind diese Kompasse fast genauso gut geeignet wie der

Abb. 3.6 Marsch-
kompass SuuntoMB-
6 Global. (© Suunto
Oy, mit freundlicher
Genehmigung)

Abb. 3.7 Marschkompass
Suunto MCB. (© Suunto Oy,
mit freundlicher Genehmi-
gung)

Linealkompass, wenn sie eine durchsichtige Kompassdose und vertikale
Linien am Kompassboden besitzen.

Sogenannte Militärkompasse sind nicht zu empfehlen, da der Boden
in der Regel nicht durchsichtig und eine Übertragung des Kurswinkels

auf die Karte nur ungenau möglich ist. Weiterhin tragen sie oft andere Winkelskalen, die in 6000 oder 6400 Strich eingeteilt sind.

3.3 Peilkompass

Peilkompasse (Abb. 3.8 und 3.9) erlauben sehr genaue Richtungspeilungen (Ablesegenauigkeit 0,5– 0,25° gegenüber 2° bei Marschkompassen). Die meisten Modelle lassen sich nur zur Peilung benutzen. Peilkompasse eignen sich nicht zur direkten Kartenarbeit oder zur Wanderung, da kein Kurswinkel fest eingestellt werden kann, wegen ihrer höheren Genauigkeit jedoch hervorragend zur Kartierung per Polaraufnahme (Richtung und Entfernung zu einem Bezugspunkt werden gemessen). Die Messungen werden dann später mit dem Taschenrechner oder dem PC ausgewertet und in eine Karte umgesetzt.

Abb. 3.8 Peilkompass Suunto KB-14/360 R G Global. (© Suunto Oy, mit freundlicher Genehmigung)

3.4   Survey-Instrumente

Zum Kartieren sehr vorteilhaft sind Kombinationsgeräte aus Peilkompass und Klinometer, wie sie von einigen Firmen (Silva, Suunto) angeboten werden (Abb. 3.10). Sie besitzen oft auch einen Stativanschluss,
so dass mehrere Punkte genau in Bezug auf einen Ausgangspunkt eingemessen werden können.

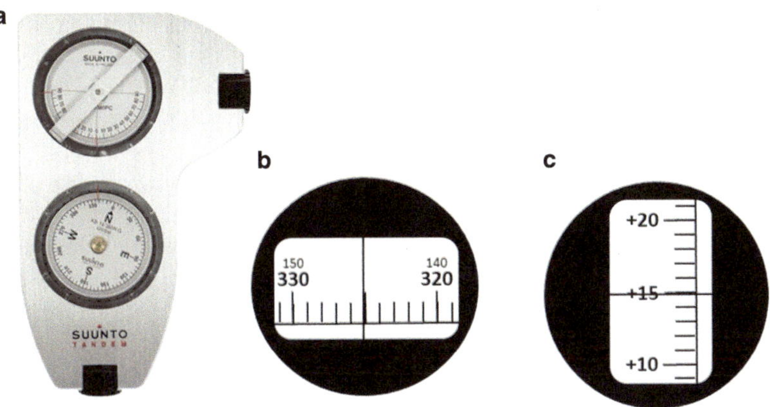

Abb. 3.10   SUUNTO Tandem/360PC/360 R G Clino/Compass (**a**). Das Einschaltbild zeigt die Ablesung des Horizontalwinkels (**b**) und des Vertikalwinkels (**c**). (© Suunto Oy, mit freundlicher Genehmigung)

3.5   Grundlegendes zur Handhabung von Lineal-, Marsch- und Peilkompass

Grundsätzlich ist beim Arbeiten mit den bisher beschriebenen Geräten darauf zu achten, dass keine magnetischen Gegenstände in der Nähe sind. Geologenhammer, Taschenmesser und Brille mit Metallgestell sind die häufigsten Fehlerquellen beim Peilen. Weiterhin können aber auch Stromleitungen, Strommasten, Eisenbahnschienen, Leitplanken und Metallgeländer auch auf Entfernungen von mehreren Metern störend wirken. Benutzt man elektronische Geräte (Laptop, Telefon, Funkgerät, GPS-Empfänger, Messgerät) im Gelände, so können Ferritantennen oder Transformatoren als magnetische Störquellen in Frage kommen, die möglicherweise dazu führen, dass die Kompassanzeige um einige Grad falsch ausfällt.

Ein Kompass kann auch ohne magnetische Störquelle in der Nähe falsch anzeigen, und zwar wenn er schief gehalten wird und durch die Verkantung die Kompassnadel nicht richtig einspielen kann. Hohe Kompassdosen sind weniger anfällig gegen Verkanten.

Bei flüssigkeitsgedämpften Kompassen kann es bei niedrigem Luftdruck oder Aufenthalt in großer Höhe zur Bildung einer kleinen Gasblase in der Kompassdose kommen. Diese Blase hat, solange sie klein ist, keinen Einfluss auf die Genauigkeit und verschwindet normalerweise wieder, wenn der Luftdruck wieder ansteigt.

Viele Spiegelkompasse besitzen einen Missweisungsausgleich. Dieser ist dann nützlich einzusetzen, wenn die Missweisung (meist wird man die Nadelabweichung brauchen) größer als ein Teilstrich der Kompassskala ist. Da Spiegelkompasse oft nur 2°-Teilungen besitzen, ist ein Missweisungsausgleich nur bei Beträgen von 2° oder mehr Grad sinnvoll. Peilkompasse besitzen nie einen Missweisungsausgleich. Die Missweisung muss hier immer rechnerisch ausgeglichen werden.

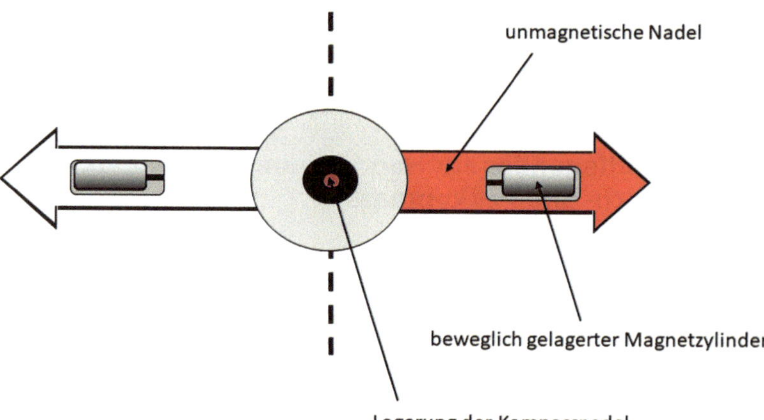

Abb. 3.11 Aufbau des auf der ganzen Erde brauchbaren Nadelsystems eines Marschkompasses, wie es ursprünglich von der Schweizer Firma Recta eingeführt wurde. Die Nadel selbst ist nicht magnetisch. Sie wird eingesteuert durch zwei kleine starke Magneten, die sich um eine horizontale Querachse schwenkbar im Zentrum der Nadel aufgehängt befinden. Bei stärkerer Inklination ragt das magnetische Element schräg aus der Nadelebene heraus, doch die Nadel liegt immer horizontal und zeigt den Azimutwinkel ohne Verfälschung an. Diese Konstruktion ist praktisch bei jeder beliebigen Inklination funktionsfähig, und man muss beim Wechsel von der Nord- auf die Südhalbkugel die Kompassdose nicht austauschen

Eine Kompensation der Inklination, also der vertikalen Ausrichtung des Magnetfeldes, ist bei flüssigkeitsgedämpften Kompassen normalerweise nicht nötig und auch nicht möglich. Bereist man Gebiete extrem starker Inklination, muss unter Umständen die Kompassdose vorher ausgetauscht werden. Die meisten Markenhersteller bieten Austauschdosen für ihre Modelle für die Südhalbkugel oder für stärkere Inklinationen an. In diesem Zusammenhang weisen die mit „Global" bezeichneten Modelle von Suunto und anderen Firmen eine interessante technische Lösung auf. Das magnetische Element ist in einer zentralen Aussparung der nicht magnetischen Kompassnadel auf einer horizontalen Achse montiert, die ihm einen beträchtlichen Neigungsspielraum erlaubt (Abb. 3.11). Somit ist dieser Kompass global einsetzbar.

3.6 Geologenkompass

Für die geologische und paläontologische Geländearbeit werden spezielle Geologenkompasse benutzt (Abb. 3.12). Da bei diesen Instrumenten nicht die Gradskala gedreht, sondern direkt der Gradwert an der Nadelspitze abgelesen wird, ist die Skala gegenläufig zu der eines Marschkompasses, d. h., sie läuft von Norden gegen den Uhrzeigersinn (links herum). Die meisten Geräte besitzen 1°- oder 2°-Skalenteilungen. Üblicherweise ist die Magnetnadel arretiert und wird durch Knopfdruck nur zur Messung ausgelöst. Um den Kompass genau waagerecht halten zu können, muss eine Dosenlibelle eingebaut sein. Am häufigsten wird in Europa der Gefügekompass nach Prof. Clar benutzt.

Abb. 3.13 zeigt ein Instrument der Firma Freiberger Präzisionsmechanik (FPM). Dieser Kompass ist eine Zweikreisbussole, d. h., sie besitzt eine Fallmessplatte mit einem eigenen Skalenkreis, an dem das Einfallen der Schicht abgelesen werden kann. Fallrichtung und Neigung der Schicht können also in einem Arbeitsgang an den beiden Skalen (dem Horizontal- oder Azimutkreis und dem Vertikalkreis) abgelesen werden. Oft ist der Vertikalkreis in drei verschiedenfarbige Sektoren unterteilt. Die Farbe eines Sektors gibt an, an welcher Nadelspitze (rot oder schwarz) der Skalenwert des Einfallens abgelesen werden muss (Abb. 3.14). Damit werden Fehlablesungen vermieden.

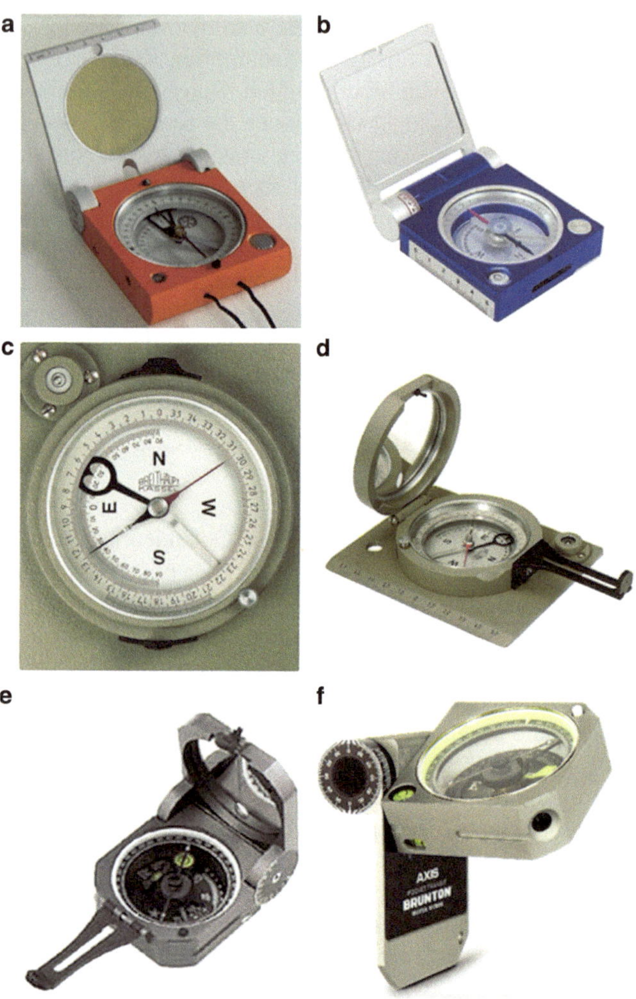

Abb. 3.12 Verschiedene Modelle des Geologenkompasses. **a** Freiberger Präzisions-mechanik FPM Geologenkompass mit Spiegel. (**a** © FPM Holding GmbH, mit freundlicher Genehmigung) **b** Breithaupt Geologenkompass GekomN. **c** Breithaupt Geologenkompass Conef. **d** Breithaupt Geologenkompass Covis. (**b–d** © Breithaupt & Sohn GmbH & Co KG, mit freundlicher Genehmigung). **e** Brunton Pocket Transit Geo, 0–360° Geologenkompass. **f** Brunton Axis Pocket Transit Geologenkompass (**e, f** © Brunton, mit freundlicher Genehmigung)

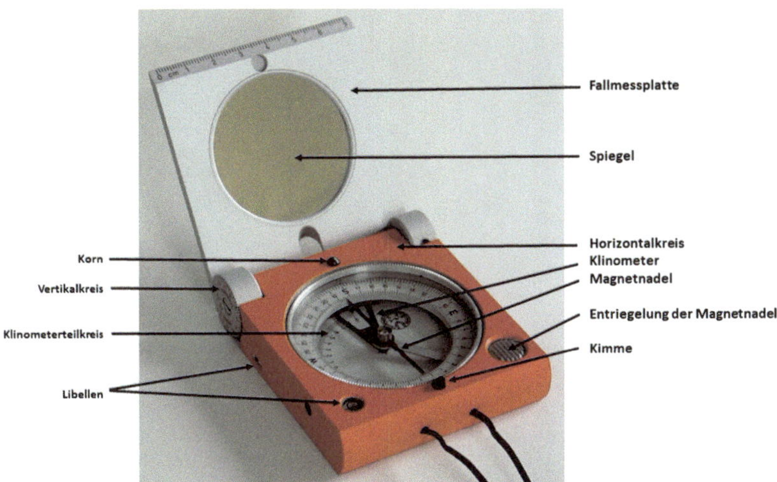

Abb. 3.13 Bedienelemente des zweikreisigen Geologenkompasses von FPM. Es handelt sich bei diesem Gerät um einen Gefügekompass nach Prof. Clar. Da der Winkel des Einfallens aus einer zweiten vertikalen Winkelskala an der Fallmessplatte abgelesen wird, kann man mit diesem Gerät Fallen und Streichen in einem Arbeitsgang messen. Viele dieser Kompasse tragen jedoch zusätzlich noch ein Inklinometer mit einer genaueren Skala am Boden der Kompassdose und können alternativ auch wie ein klassischer Geologenkompass eingesetzt werden. (© FPM Holding GmbH, mit freundlicher Genehmigung)

Im englischsprachigen Raum werden häufig Kompasse der Firma Brunton benutzt. Das Modell Geo Transit besitzt ebenfalls die Fallmessplatte mit dem vertikalen Skalenkreis. Das Modell Axis Transit besitzt eine um 360° drehbare Fallmessplatte und eine Visiereinrichtung in der Gelenkachse. Dies macht den Kompass sehr flexibel einsetzbar und erleichtert die geologischen Messungen sowie Höhenmetermessungen und Peilungen deutlich. Viele Geologenkompasse besitzen zudem ein Klinometer. Dieses besteht normalerweise aus einem Pendel und einer Gradskala mit 1°-Teilung. Der Kompass muss zur Anwendung des Klinometers auf die Kante gestellt und das Klinometer durch Knopfdruck ausgelöst werden. Bei den Modellen der Firma Brunton ist das Klinometer mit einer Röhrenlibelle ausgestattet und mit einem Nonius, der 10′-

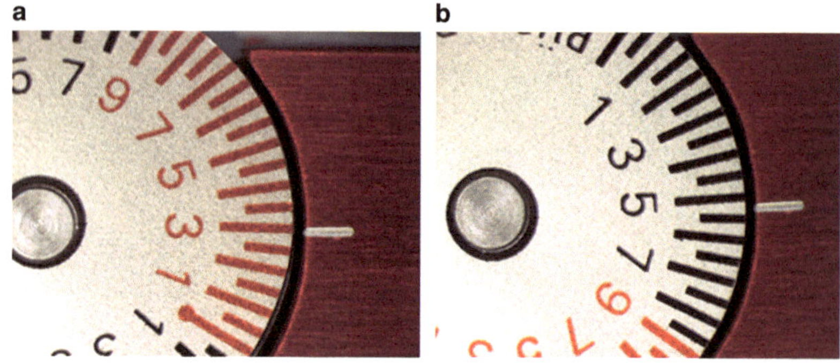

Abb. 3.14 Skala eines Büchi-Kompasses aus der Schweiz. Gefügekompasse tragen an der Achse der Fallmessplatte eine zusätzliche Winkelskala, die größenbedingt mit Gradstrichen in 5°-Abständen versehen sind. Der Winkel lässt sich hier auf ca. 1° genau abschätzen. Die Skala ist meist in zwei unterschiedlich gefärbte Bereiche unterteilt. Sie geben je nach Stellung der Fallmessplatte die Farbe des Nadelendes an, an welchem die Richtung des Einfallens abgelesen werden muss. **a** Einfallen 30°, Fallrichtung an roter Nadelspitze ablesen. **b** Einfallen 52°, Fallrichtung an schwarzer Nadelspitze ablesen. (Foto: Hans-Ulrich Pfretzschner, mit freundlicher Genehmigung der Büchi Optik AG)

Teilung aufweist. Das Klinometer kann sowohl zur Messung des Einfallens von Schichten wie auch zur trigonometrischen Höhenmessung benutzt werden.

Einige Modelle besitzen in der Fallmessplatte einen Spiegel. Mit diesen Instrumenten kann zusätzlich eine horizontale Peilung wie mit einem Spiegelkompass vorgenommen werden (Abb. 3.15). Man visiert hierzu das Ziel über die Visiereinrichtung (Kimme und Korn) an und beobachtet im Spiegel das Einspielen der ausgelösten Magnetnadel. Ist die Nadel eingespielt, arretiert man sie und liest den Peilwinkel ab. Diese Geräte sind für die Geländearbeit ideal, da man nur einen Kompass mitnehmen muss und dennoch die geologischen Messungen wie auch die geodätischen trigonometrischen Peilungen zur Standortbestimmung durchführen kann.

Kommt man in die Verlegenheit, mit einem Gefügekompass ohne Spiegel eine genaue Peilung durchführen zu müssen, so ist auch dies möglich. Hierzu stellt man die Fallmessplatte senkrecht und peilt ent-

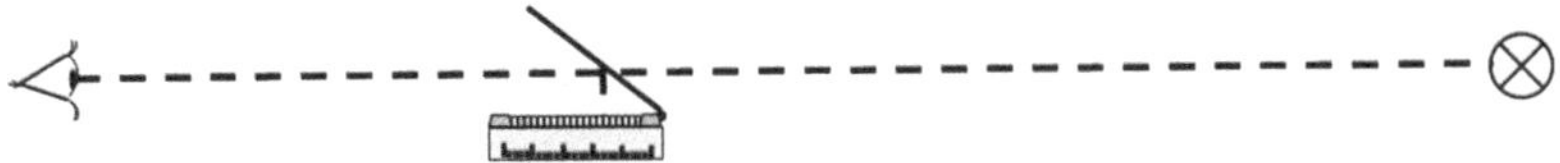

Abb. 3.15 Peilen mit dem Spiegelkompass

lang ihrer horizontalen Kante. Man erhält auf diese Weise Peilungen, die ohne Schwierigkeit eine Genauigkeit von 1° aufweisen. Zu dem abgelesenen Azimutwert (Horizontalwinkel) muss man nun noch 90° addieren bzw. subtrahieren, um die wahre Richtung zu erhalten. Sind mehrere Peilungen durchzuführen, so kann man auch die Skala um 90° verdrehen. Diese muss dann jedoch unbedingt vor den nächsten geologischen Messungen wieder in die Ausgangsstellung zurückgedreht werden! Wegen der Fehlermöglichkeiten sollte dies jedoch eine Notlösung bleiben, und für den Dauergebrauch sollte besser ein etwas teureres Gerät mit Peilspiegel verwendet werden.

Nachteilig gegenüber einem Spiegel- oder Peilkompass ist bei einem Gefügekompass, dass man während der Peilung den Auslöseknopf der Magnetnadel gedrückt halten muss. Nur bei den Modellen der Firma Brunton (Abb. 3.16) lässt sich die Arretierung zur Peilung lösen, so dass wie mit einem normalen Spiegelkompass gepeilt werden kann. Vorsicht ist bei der Richtungsablesung geboten. Hier ist sorgfältig zu überlegen, an welcher Nadelspitze der Richtungswert abgelesen werden muss! Auch in diesem Punkt ist eine Peilung mit einem Spiegel- oder Peilkompass einfacher und die Gefahr einer Fehlablesung geringer.

Besitzt der Spiegel eine senkrechte Peillinie, so kann auch auf eine andere Weise gepeilt werden. Hierzu hält man den Kompass vor den Bauch (Vorsicht: Geologenhammer am Gürtel kann stören) und blickt von oben darauf. Der Spiegel wird so geneigt, dass man die Peileinrichtung (Kimme) und das Ziel erkennt. Die Peillinie im Spiegel sollte durch Ziel, Kimme und Drehpunkt der Kompassnadel laufen. Gleichzeitig kontrolliert man direkt die Dosenlibelle und das Einspielen der Nadel. Nach dem Einspielen liest man den Richtungswinkel am Horizontalkreis ab. Die Modelle der Firma Brunton bieten mit ihren Visiereinrichtungen sehr vielfältige Visiermöglichkeiten, die vor allem im Gebirge von Vorteil sein können.

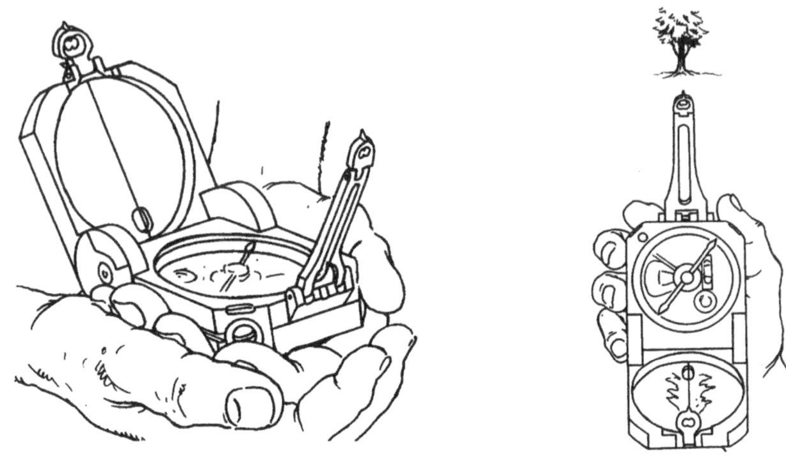

Abb. 3.16 Peilen mit dem Brunton-Kompass. (© Brunton, mit freundlicher Genehmigung)

Am Boden oder an der Gehäuseseite findet sich oft eine Einstellschraube für den Deklinationsausgleich. Durch Drehen der Schraube kann die Skala des Horizontalkreises zur Korrektur der Missweisung verdreht werden. Diese Teilkreisverstellung kann auch dazu benutzt werden, um den Teilkreis um 90° zu verdrehen, wenn statt der Fallrichtung die Streichrichtung in einem Arbeitsgang mit der Messung des Einfallens abgelesen werden soll.

Die Magnetnadeln von Geologenkompassen sind normalerweise nicht flüssigkeitsgedämpft. Teurere Modelle besitzen jedoch starke Magneten (z. B. NdFeB-Magneten) und Wirbelstromdämpfungen, so dass sich die Magnetnadel in 1–2 s einschwingt, während bei völlig ungedämpften Modellen das Einschwingen bis zu 30 s dauern kann. Im letzteren Fall kann man durch mehrmaliges Arretieren und Auslösen der Magnetnadel den Einschwingprozess verkürzen. Normalerweise trägt die Magnetnadel eines Geologenkompasses einen kleinen Metallreiter zum Ausgleich der Inklination (Abb. 3.17). Bereist man Gebiete auf der Südhalbkugel oder Polargegenden hoher Inklination, so kann man das Abdeckglas der Kompassdose öffnen und den Reiter vorsichtig so lange verschieben,

Abb. 3.17 Geologenkompasse sind grundsätzlich nicht ölgedämpft. Sie besitzen entweder eine Induktionsdämpfung (z. B. bei einigen Geräten von Breithaupt oder Brunton) oder sind ungedämpft. Der Grund hierfür ist der Inklinationsausgleich. Durch den Rändelring, welcher das Deckglas der Kompassdose hält, kann diese geöffnet und die Nadel entnommen werden. Dann kann man die Neigung der Nadel durch vorsichtiges Verschieben des Metallreiters wieder so einstellen, dass sie waagerecht liegt. Aus diesem Grund sind Geologenkompasse ebenfalls weltweit unter jeder denkbaren Inklination einsetzbar. (Foto: Hans-Ulrich Pfretzschner, mit freundlicher Genehmigung der Büchi Optik AG)

bis die Magnetnadel wieder horizontal liegt. Deswegen sind Geologenkompasse, die oft auch in hohen Breiten eingesetzt werden müssen, im Allgemeinen nicht ölgedämpft.

Geologenkompasse mit Pendelklinometer und Visierspiegel (Abb. 3.18) können auch zur trigonometrischen Höhenmessung verwendet werden (ebenfalls ein wichtiger Grund, der bei der Anschaffung berücksichtigt werden sollte und der den Aufpreis für den Spiegel und das Klinometer rechtfertigt). Hierzu löst man zunächst das Pendel aus und hält dann den Kompass senkrecht mit halb aufgeklappter Anlegeplatte, so dass man das Pendel und die Skala im Spiegel beobachten kann. Dann visiert man über die Peileinrichtung (Kimme und Korn) den Zielpunkt an und beobachtet das Pendel im Spiegel. Wenn es ausgeschwungen ist, dreht man den Kompass vorsichtig in die Horizontale (das Pendel darf sich hierbei nicht mehr bewegen) und liest den Winkel ab.

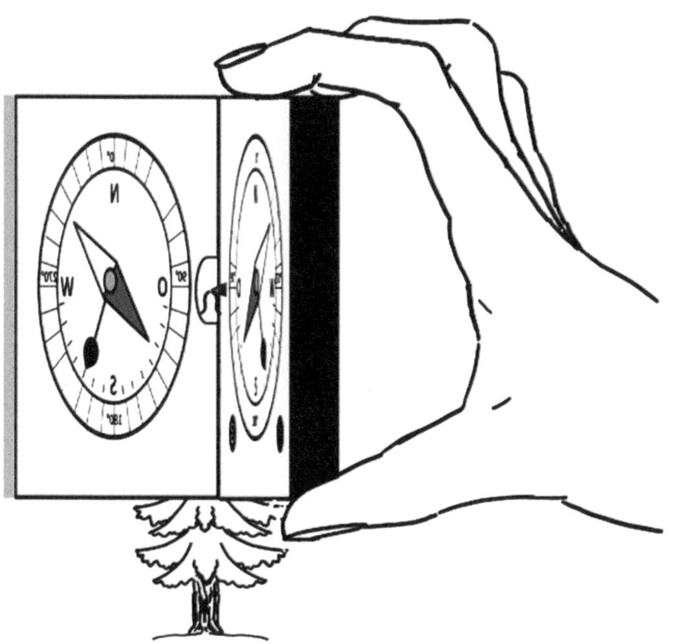

Abb. 3.18 Trigonometrische Höhenmessung mit dem Gefügekompass mit Spiegel

3.7 Markscheidezeug

Für professionelle Messungen unter Tage benötigt man eine Markscheideausrüstung (Abb. 3.19). Der darin enthaltene Kompass ist kardanisch gelagert und kann an einer Messschnur aufgehängt werden.

Der Brunton-Kompass kann an seinem Visier in der gleichen Weise aufgehängt und somit auch als Markscheidegerät benutzt werden.

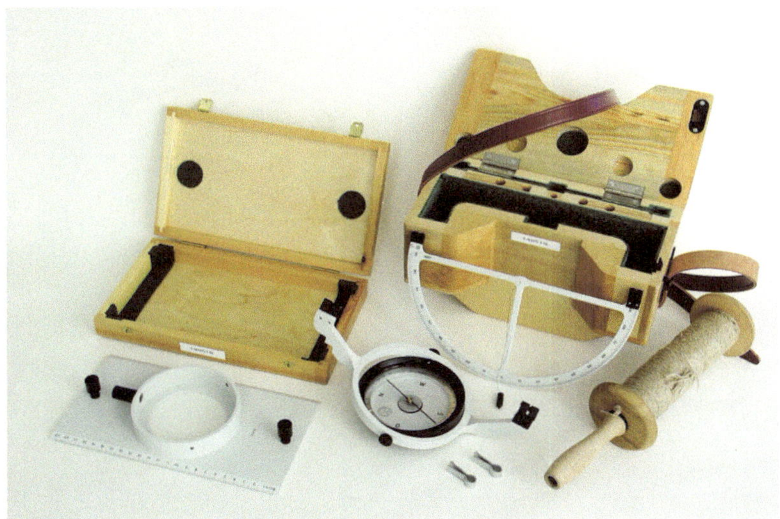

Abb. 3.19 Markscheideausrüstung der Firma Freiberger Präzisionsmechanik (FPM). Sie umfasst einen Markscheidekompass, eine Zulegeplatte und einen 180°-Gradbogen mit Pendel sowie dem zugehörigen Hängezeug. (© FPM Holding GmbH, mit freundlicher Genehmigung)

3.8 Klinometer

Einige Spiegelkompasse und viele Geologenkompasse enthalten zusätzlich ein einfaches Klinometer, das aus einem einfachen Pendel und einer Skala mit 1°- oder 2°-Teilung besteht. Für einfache Neigungsmessungen und einfache trigonometrische Messungen ist dies ausreichend. Wird jedoch größere Genauigkeit gefordert, so sollte ein professionelles Klinometer eingesetzt werden. Dieses Gerät (z. B. Suunto PM-5/360 PC Opti Clinometer; Abb. 3.20) enthält ein Präzisionspendel, welches mit einer Skalenscheibe gekoppelt ist. Das Pendel ist mit einer Stahlachse in Saphirlagern aufgehängt und bei den meisten Geräten flüssigkeitsgedämpft. Ältere Geräte ohne Flüssigkeitsdämpfung sind sehr stoßempfindlich, da die dünne Stahlachse leicht abbricht. Um das Ablesen des genauen Winkels zu erleichtern, besitzen solche Geräte auch eine Arretierung des

Abb. 3.20 Neigungsmesser von Suunto PM-5/360 PC Opti Clinometer. (© Suunto Oy, mit freundlicher Genehmigung)

Pendels. Zur Messung des Höhenwinkels peilt man mit einem Auge am Gerät vorbei den Zielpunkt an und beobachtet gleichzeitig durch die Ableselupe die Skala. Man neigt nun das Klinometer so weit, bis die Ablesemarke auf gleicher Höhe mit dem Zielpunkt liegt, und liest den Höhenwinkel ab. Üblicherweise sind die Geräte auf 0,25° genau geeicht und besitzen eine 1°-Skalenteilung. Durch Schätzung kann der Winkel auf 0,5° genau bestimmt werden.

Viele Geräte besitzen zwei Skalen: eine 360°-Skala und eine Prozentskala. Letztere gibt die Höhe in Prozent der Entfernung zum Objekt an ($= 100 \cdot \tan(\alpha)$) und ermöglicht eine schnelle Berechnung der Höhe des Zielpunktes.

Beispiel Entfernung 8 m, Ablesung 60 %, d. h., die Höhe beträgt 8 m · 0,6 = 4,8 m.

Spezielle Ausführungen der Klinometer, die überwiegend als Baumhöhenmessgeräte für Forstwissenschaftler angeboten werden, besitzen vier Skalen, die direkt die Höhe des Zielpunktes in Meter angeben, so dass keine weitere Umrechnung mehr nötig ist. Voraussetzung ist das Einhalten einer bestimmten Distanz zum Zielobjekt. Meist sind die vier Skalen für vier Distanzen, also etwa 10 m, 15 m, 20 m und 25 m, ausgelegt. Für die Vermessung von Aufschlusswänden ist ein solches Gerät extrem praktisch. Allerdings können hiermit beispielsweise keine Berggipfelhöhen bestimmt werden. Auch hier sollte man also vor der Anschaffung genau überlegen, wie man das Instrument einsetzen möchte.

Praktisch bei Kartierungsarbeiten sind Kombinationen von Klinometer und Peilkompass.

3.9 Handgefällemesser nach Abney

Der Handgefällemesser (Abb. 3.21) besteht aus einem Metallrohr, an dessen Vorderende ein horizontaler Visierdraht befestigt ist. Weiterhin ist im vorderen Bereich ein Teilkreis zur Winkelmessung angebracht. An dem beweglichen Schwenkarm des Winkelmessers ist eine Libelle befestigt, die durch eine Öffnung in der Rohroberseite und einen 45°-Spiegel im Rohr beobachtet werden kann. Man peilt durch eine kleine Blende am Hinterende den Draht und das Zielobjekt an, wobei die Libelle über den Spiegel in der linken Bildhälfte sichtbar ist. Für eine trigonometrische Höhenmessung peilt man den Zielpunkt an und schwenkt den Arm des Winkelmessers so weit, bis die Luftblase im Blickfeld erscheint und auf den Draht einspielt. Auf der Skala kann man nun den Winkel dank eines Nonius sehr exakt ablesen, gleichzeitig ist aber auch eine Prozentskala aufgedruckt, die Umrechnungen erleichtert. Arretiert man den Winkelmesser auf 0°, so kann das Gerät auch als Freihandnivellier benutzt werden.

Der Handgefällemesser ist ein sehr genaues und praktisches Gerät für den Geländeeinsatz. Handgefällemesser werden von verschiedenen Firmen zu moderaten Preisen angeboten, so z. B. von der Firma Engineer Supply. Von Gelegenheitskäufen auf Flohmärkten sei hier abgeraten, ins-

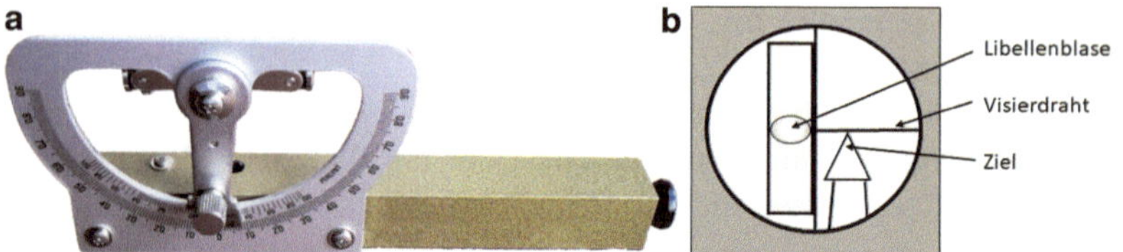

Abb. 3.21 **a** Handgefällemesser nach Abney (unbekannter Hersteller). **b** Ansicht der Peileinrichtung. Über einen im Rohr befindlichen geneigten Spiegel beobachtet man das Einspielen der Libelle. Man peilt den Höhenpunkt an und verändert so lange die Stellung des Winkelarms des Klinometers, bis die Luftblase der Libelle auf dem Peilstrich zu liegen kommt. Dann liest man den Winkel auf dem Gradbogen ab

besondere, wenn es sich um Messinggeräte handelt. Diese sind im Allgemeinen nicht geeichte und ziemlich labile Repliken, die nicht für den Einsatz im Gelände taugen.

3.10 Nivellier

Nivelliere sind Instrumente, die es erlauben, exakt horizontal zu peilen. Peilt man eine senkrecht stehende Messlatte an, so können Höhendifferenzen gemessen werden (Abschn. 2.4.2). Für einfache Nivellieraufgaben können Klinometer oder Freihandnivelliere benutzt werden.

Das Freihandnivellier (Abb. 3.22) funktioniert analog dem Abney-Gefällemesser, besitzt aber keine Winkelskala und erlaubt nur die horizontale Peilung. Für genauere Nivellements werden Instrumente benutzt, die eine Fernrohroptik und ein Fadenkreuz besitzen und auf einem Stativ montiert werden.

Abb. 3.22 Handnivellier GL-3779 der Firma Glunz. (© Glunz Technik GmbH, mit freundlicher Genehmigung)

Ältere Nivelliere besitzen eine Röhrenlibelle, die in das Bild einge-spiegelt wird. Moderne Nivelliere sind vorwiegend als Automatiknivel-liere (Abb. 3.23) konstruiert. Durch eine pendelnd aufgehängte Prismen-optik stellt sich automatisch eine horizontale Peilrichtung ein, wenn das Nivellier mit Hilfe der drei Fußschrauben nach einer groben Dosenli-belle einigermaßen horizontal ausgerichtet ist. Einfache Baunivelliere besitzen eine horizontale Gradskala mit 1°-Teilung und einen Ablese-strich oder eine Ablesemarke mit Nonius. Genauere Instrumente besit-zen eine horizontale Glasskala, die über ein separates Ablesemikroskop beobachtet werden kann. Zur Messung wird das Nivellier auf dem Sta-tiv festgeschraubt und dann nach einer Dosenlibelle mit Hilfe der drei Fußschrauben horizontiert. Hierzu stellt man sich vor eine der drei Kan-ten des dreieckigen Gerätefußes und dreht die beiden Fußschrauben an jedem Ende dieser Kante gleichzeitig und immer gegenläufig, bis die Libelle in Richtung der Kante eingespielt ist. Erst dann dreht man nur die dritte Schraube so weit, bis die Libelle auch in der Richtung senk-recht zur ersten Kante eingespielt ist (Abb. 3.24). Eventuell muss dieser

Abb. 3.23 Automatiknivellier FG-041 der Firma Freiberger Präzisionsmechanik (FPM) mit den Bedienelementen. (© FPM Holding GmbH, mit freundlicher Geneh-migung)

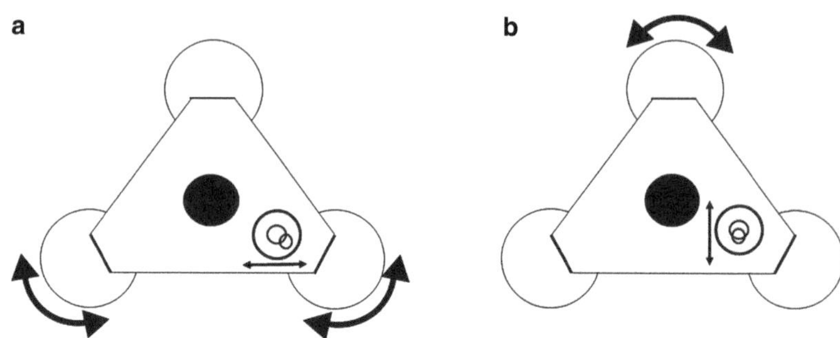

Abb. 3.24 Horizontierung eines Vermessungsinstrumentes. **a** Man richtet die eine Seite des dreieckigen Fußes so aus, dass man vor einer Dreiecksseite zu stehen kommt. Dann dreht man gleichzeitig die beiden Justierfüße an den Enden der Dreiecksseite gegenläufig, bis die Libellenblase in dieser Richtung die Mittelstellung erreicht hat. **b** Nur die dritte übrig gebliebene Fußschraube wird so gedreht, bis die Libellenblase im Zielkreis erscheint

Vorgang zwei- bis dreimal wiederholt werden, bis die Libelle exakt eingespielt und das Gerät horizontiert ist.

Als Nächstes richtet man das Zielfernrohr mit dem Grobvisier auf das Ziel aus und stellt am Fokussiertrieb (seitliche Triebschraube am Fernrohr) scharf. Im Okular erkennt man ein Fadenkreuz und zwei Reichenbach'sche Distanzstriche. Das Fadenkreuz wird durch Drehen des Okulars scharfgestellt. Bei Instrumenten mit Präzisionslibelle schaut man nun durch das Fernrohr auf das Ziel und betätigt mit einer Mikrometerschraube die Feinjustierung, um das Instrument so weit zu neigen, bis die Libellenblase auf die Markierung einspielt. Ein Automatiknivellier ist bereits nach dem groben Horizontieren messbereit. Nun peilt man die Zielmesslatte an und liest am horizontalen Strich des Fadenkreuzes den Lattenwert sowie an dem Horizontalkreis bzw. durch dessen Ablesemikroskop den Richtungswinkel ab. Im Allgemeinen kann man den Horizontalkreis verdrehen und dann wieder arretieren. Auf diese Weise lässt sich der Winkel direkt auf eine bestimmte Richtung beziehen (z. B. eine Bezugslinie im Gelände, etwa die Längskante des Aufschlusses, oder die Nordrichtung).

Mit Hilfe der Distanzstriche kann die Entfernung zur Messlatte bestimmt werden. Es handelt sich dabei um zwei kurze, horizontale Striche, die äquidistant oberhalb und unterhalb der horizontalen Peillinie angebracht sind. Man liest die Messlattenskala an beiden Strichen ab und bildet die Differenz aus beiden Werten. Multipliziert man diese Diffe-

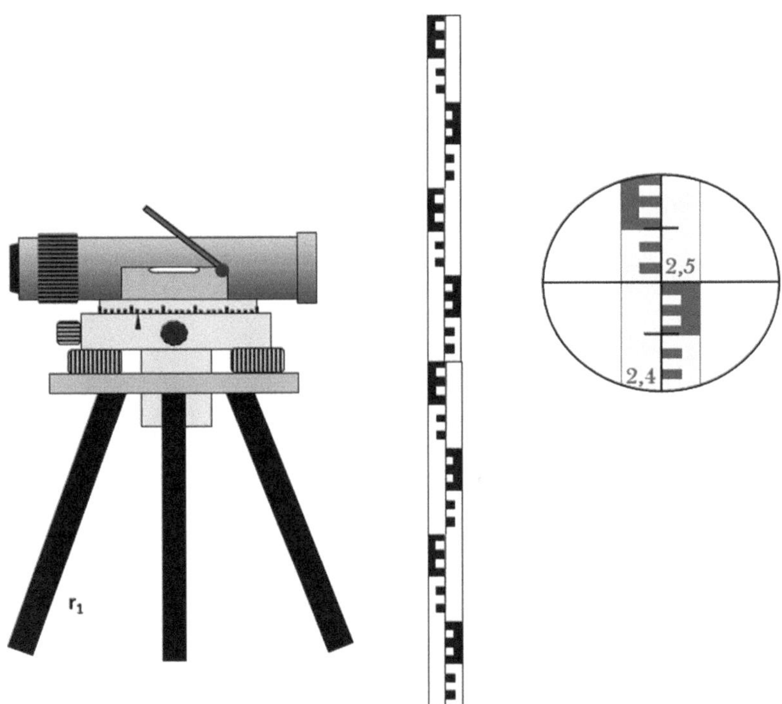

Abb. 3.25 Nivellier mit Röhrenlibelle und Gebrauch der Reichenbach'schen Distanzstriche. Die meisten Vermessungsgeräte besitzen im Okularbild zwei kurze, horizontale Striche zur optischen Distanzmessung. Diese Reichenbach'schen Distanzstriche sind in gleichen Abständen oberhalb und unterhalb des Zielstriches eingraviert. Man peilt nun die Messlatte an und liest die Differenz zwischen den beiden Distanzstrichen an der Latte ab. Jedem Gerät ist eine Umrechnungsformel beigegeben, um diese Distanz bequem in den Abstand zwischen Messgerät und Messlatte umrechnen zu können

renz mit einer gerätetypischen Konstante, so erhält man die Entfernung zur Messlatte in Metern. In der Regel besitzt die Konstante, wenn vom Hersteller nicht anders angegeben, den Wert 100. In Abb. 3.25 zeigen die Distanzstriche auf die Lattenwerte 2,45 m und 2,55 m. Daraus ergibt sich die Entfernung zu:

$$(2{,}55\,\text{m} - 2{,}45\,\text{m}) \cdot 100 = 0{,}1\,\text{m} \cdot 100 = 10\,\text{m}.$$

Viele Vermessungsinstrumente besitzen eine Kreisteilung in 400 Gon. Die Winkel müssen dann entweder auf dem Taschenrechner mit der Gon-Einstellung verrechnet oder in Gradwerte umgerechnet werden:

$$\text{Winkel(Gon)}/400 \cdot 360 = \text{Winkel(Grad)}$$

Bei der Anschaffung ist also darauf zu achten, ob man ein Instrument mit 360° oder mit 400 Gon Skalen erwerben möchte. Im Allgemeinen bieten die Hersteller beide Möglichkeiten an.

Für einfache Nivellier- und Vermessungsaufgaben kann auch eine Laserwasserwaage benutzt werden. Sie ist mit einem Horizontalkreis mit einfacher Ablesemarke versehen, so dass auch der Richtungswinkel abgelesen werden kann. Insbesondere für die Kartierung einer Fundstelle ist eine solche Laserwasserwaage sehr nützlich. In Verbindung mit einem Entfernungsmesser oder Maßband und einer Nivellierlatte können schnell Azimut, Entfernung und Höhe eines jeden Punktes bestimmt werden.

3.11 Theodolit

Für genaue trigonometrische Horizontal- und Vertikalwinkelmessungen wird ein Theodolit benutzt. Auch der Theodolit (s. Abb. 3.26) wird fest auf ein Stativ geschraubt und mit Hilfe von drei Fußschrauben und einer Dosenlibelle oder zwei Röhrenlibellen genau horizontiert (s. auch die Beschreibung des Nivelliers in Abschn. 3.10). Der Vertikalkreis ist fest montiert. Das Fernrohr kann jedoch durch Lösen der Arretierungsschraube schnell über große Winkel geschwenkt werden. Nach Festziehen der Arretierungsschraube lässt es sich dann mit dem Feintrieb exakt in der

Höhe ausrichten. Auch zum horizontalen Ausrichten kann eine Arretierungsschraube gelöst werden, um das Fernrohr grob auszurichten. Nach dem Arretieren kann dann die exakte Ausrichtung mit dem Feintrieb vorgenommen werden. Eine zweite Arretierungsschraube erlaubt es, das Fernrohr zusammen mit dem Horizontalkreis zu schwenken. Dies ist notwendig, um den Horizontalwinkel auf eine bestimmte Bezugslinie auszurichten oder um Repetitionsmessungen durchzuführen.

Zum groben Zielen und Ausrichten ist auf dem Fernrohr ein kleines Fadenkreuzvisier angebracht. Im Fernrohrbild sind ein Fadenkreuz sowie zwei Reichenbach'sche Distanzstriche zu erkennen. Dies sind zwei kurze horizontale Striche, die gleichabständig oberhalb und unterhalb der Horizontallinie angebracht sind. Visiert man horizontal, so berechnet sich die Entfernung s zwischen dem Theodolit und der angepeilten Latte aus der Ablesung der Differenz zwischen den beiden Distanzstrichen l nach der Formel $s = 100 \cdot l + k$. Bei den meisten modernen Instrumenten ist $k = 0$, und somit $s = 100 \cdot l$.

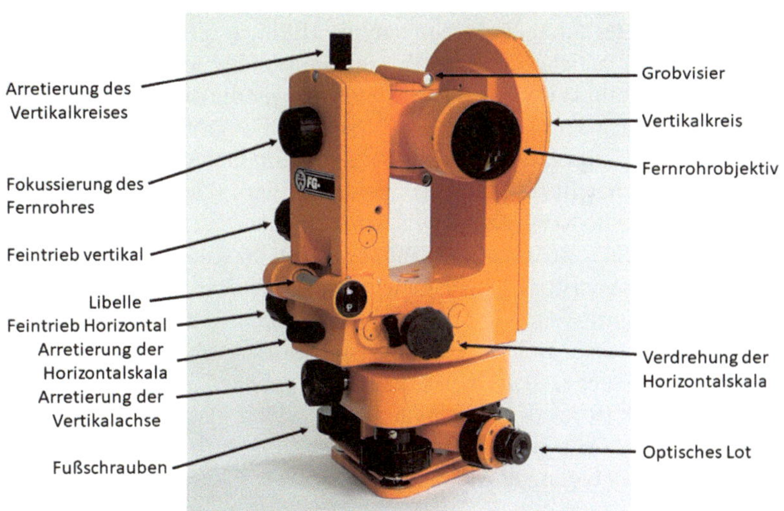

Abb. 3.26 Der Theodolit FG-T3 der Firma Freiberger Präzisionsmechanik (FPM) mit Bedienelementen. (© FPM Holding GmbH, mit freundlicher Genehmigung)

Nach der Feinjustierung lassen sich in dem Ablesemikroskop oder – bei älteren Geräten – an den Sichtfenstern der Skalen der Horizontal- und der Vertikalwinkel ablesen. Man erkennt zwei Anzeigefelder: eines für den Horizontalwinkel und eines für den Vertikalwinkel. Auf der Skala zeigt entweder ein Strich direkt den Gradwert an (Strichmikroskop), oder es ist eine kleine Hilfsskala mit Bruchteilen vorhanden, über welcher die vollen Gradstriche zu liegen kommen (Skalenmikroskop).

Viele moderne Vermessungsinstrumente besitzen eine Kreisteilung in 400 Gon. Die Winkel müssen dann entweder auf dem Taschenrechner mit der Gon-Einstellung verrechnet oder in Gradwerte umgerechnet werden:

$$\text{Winkel(Gon)}/400 \cdot 360 = \text{Winkel(Grad)}$$

3.12 Entfernungsmesser

Neben Maßstäben und Maßbändern sind für Entfernungen zwischen 2 und 100 m elektronische Distanzmesser vorteilhaft einzusetzen. Das Laserdistometer misst Entfernungen mit Millimetergenauigkeit. Zudem erlaubt es die Speicherung von Werten, einfache Berechnungen von Flächen und Volumina und – je nach Modell – sogar die direkte Berechnung von Höhen nach dem Lehrsatz des Pythagoras. Für größere Entfernungen kann ein Zielfernrohr angebracht werden. Beim Gebrauch ist zu beachten, von welcher Bezugskante aus gemessen wird (Gehäusevorderkante oder -hinterkante bzw. Stativgewindemittelpunkt).

Für überschlagsmäßige Streckenmessungen im Kilometerbereich sind elektronische Schrittzähler (Pedometer) sehr praktisch. Man stellt die individuelle Schrittweite ein und kann das Ergebnis direkt in Meter bzw. Kilometer ablesen. Bei der Eichung ist darauf zu achten, dass man die Schrittweite unter realistischen Geländebedingungen einstellt, d. h. Kleidung, Gepäck (Rucksack), Gelände (nicht auf der glatten Straße eichen) berücksichtigt. Mit einem Schrittzähler und einem Kompass lässt sich jederzeit ein Polygonzug von mehreren Kilometer Länge erstellen.

3.13 Höhenmesser

Der Höhenmesser misst den Luftdruck entweder mechanisch (Prinzip
des Aneroidbarometers mit einer Druckdose und einer Hebelübersetzung
auf den Zeiger) oder mit einem elektronischen Sensor. Beim mechanischen Höhenmesser finden sich innen eine Luftdruckskala mit Millibarteilung und außen eine drehbare Höhenskala mit Meterteilung. Damit
die Ablesegenauigkeit nicht zu sehr eingeschränkt wird, ist auf dem Höhenring oft nur ein Höhenbereich von 1000 m abgetragen. Höhere Werte
findet man dann in anderen Farben darunter gedruckt. Übersteigt man
diese Höhe, so wechselt ein Kontrollfeld seine Farbe und zeigt an, dass
man nun den Höhenwert auf der entsprechend farbigen Skala ablesen
muss (z. B. 0–1000 m schwarz, 1000–2000 m grün, 2000–3000 m rot).
Vor Beginn einer Geländebegehung muss man den Höhenmesser auf an
einem Ort bekannter Höhe auf den entsprechenden Höhenwert einstellen.

3.14 GPS

Das GPS (Global Positioning System) ist ein weltweites, satellitengestütztes Navigationssystem. Insgesamt umfasst es 24 Satelliten, welche
die Erde in einer Höhe von 24.000 km umkreisen. Man kann dieses Navigationssystem nutzen, wenn man einen speziellen Empfänger besitzt.
Solche Empfänger gibt es inzwischen in vielfältiger Form für die Stra-
ßennavigation von Fahrzeugen und als Handgeräte von der Größe eines
Handys für den Einsatz im Gelände. Nach dem Einschalten scannt der
Empfänger die verschiedenen Frequenzen der Satelliten durch, bis er
Signale eines Satelliten empfängt, der über dem Horizont steht. Dieser
Initialisierungsvorgang kann erheblich beschleunigt werden, wenn man
einen groben Standort (oft wird nur eine Angabe der Region verlangt),
des Datums und der Uhrzeit eingibt. Dann braucht der Empfänger gezielt
nur nach jenen Satelliten zu suchen, die momentan über dem Horizont
stehen. Besteht Kontakt zu dem Satelliten, so werden die genaue Uhrzeit und die Koordinaten des Satelliten an den Empfänger übertragen
und schließlich auch das eigentliche Messsignal. Aus der Laufzeitver-
zögerung des Signals kann der Empfänger die Entfernung zum Satelliten
berechnen. Insgesamt braucht der Empfänger die Signale von mindestens

drei Satelliten, um den genauen Standort zu berechnen und anzuzeigen. Die Genauigkeit der Lagekoordinaten (der geographischen Koordinaten Breite und Länge oder UTM-Koordinaten Nordwert und Ostwert) erreicht im Idealfall eine Standardabweichung von 6 m.

Die Berechnungen des Empfängers beziehen sich auf ein bestimmtes Bezugsellipsoid als mathematisches Modell der Erde. Dieses Bezugsellipsoid wird durch eine Reihe von Parametern definiert, das sogenannte *Kartendatum*. Damit die vom Empfänger angezeigten Koordinaten direkt auf die verwendete Karte übertragen werden können, müssen das Kartendatum des Empfängers und der Karte übereinstimmen. Deshalb ist es unbedingt notwendig, vor der Verwendung der Anzeige des GPS-Empfängers im Setup-Menü des Gerätes das richtige Kartendatum (*map datum*) auszuwählen. Kennt man das der Karte zugrunde liegende Kartendatum nicht, so wählt man das WGS84 aus, denn dieses ist ein international genutztes und auf jedem GPS-Empfänger einstellbares Bezugssystem.

Auf den modernen topographischen Karten ist die Abweichung der Koordinaten, wie sie der GPS-Empfänger in Bezug auf das WGS84 angibt gegenüber dem Kartendatum, welches der Karte zugrunde liegt (Potsdam-Datum) angegeben. Auf dem Blatt 7420 „Tübingen" der TK 25.000 zum Beispiel weichen die geographische Breite um 3,5″ (entspricht 108 m) und die geographische Länge und 3,7″ (entspricht 76 m) von den Kartenkoordinaten ab. Insgesamt gibt das GPS im WGS84 also Koordinaten aus, die gegenüber den Kartenkoordinaten um 132 m zu weit südwestlich des tatsächlichen Standpunktes in den Kartenkoordinaten liegen. Weiterhin gibt die Kartenlegende an, dass die Höhen um 48,5 m zu niedrig ausfallen. Bei den meisten Handgeräten (z. B. der Firmen Magellan und Garmin) trifft dies allerdings nicht zu, weil die Hersteller bereits eine mittlere Korrektur angebracht haben. Da die Korrektur aber von Ort zu Ort unterschiedlich ausfällt (35 m im Nordosten Deutschlands, 49 m im Süden), sind die Höhenangaben des GPS notorisch ungenau, und man verlässt sich besser auf einen Aneroidhöhenmesser.

Beim Gebrauch eines GPS-Empfängers ist auch die Wahl der Koordinatenanzeige zu beachten. Wählt man z. B. eine Anzeige in Grad, Minuten und Sekunden (ohne Kommastelle), so liegt die Anzeigegenauigkeit von $\pm 1″$ bei $\pm\,31$ m für die Breite und (in Tübingen) bei ± 21 m für die Länge. Die Genauigkeit des Navigationssystems von ± 6 m (Standardabweichung) kann also mit einer solchen Anzeige gar nicht genutzt werden. Hierzu ist mindestens eine Nachkommastelle im Sekundenbereich notwendig. Umgekehrt werden die Koordinaten im UTM-Format auf den Meter genau ausgegeben. Infolge statistischer Schwankungen wechselt die letzte Ziffer der Anzeige deshalb öfters ihren Wert, und man muss sie eine Weile beobachten, um den tatsächlichen Wert als Mittelwert zu berechnen. Bei der Anzeige in Grad und Minuten mit zwei Nachkommastellen verschenkt man nur wenig an Genauigkeit: Breite ± 19 m, Länge (in Tübingen) ± 12 m.

Ein GPS-Empfänger bietet eine Reihe von Möglichkeiten der Anzeige und Programmierung, der Übertragung der Messwerte auf den PC und der Auswertung mit entsprechenden digitalen Karten. Diese hängen vom Gerätetyp ab und werden hier nicht näher besprochen. Da sie jedoch für die Auswertung von Geländedaten sehr hilfreich sind, sollte man sich vor dem Gebrauch eines Gerätes mit Hilfe des jeweiligen Handbuches darüber informieren.

4

4.1 Fluchtstab

Fluchtstäbe sind 2 m lange, runde Stangen von 3 cm Durchmesser aus Holz oder Leichtmetall, die in 50 cm Abständen rot und weiß gestrichen sind und am unteren Ende angespitzt und mit einer Stahlspitze versehen sind. Sie können entweder in den Boden eingestoßen werden oder mit Hilfe eines Stabstativs aufgestellt werden. Das Stabstativ ist ein Dreifuß mit einer Klemme am Stativkopf, die den Fluchtstab hält. Zur endgültigen senkrechten Ausrichtung kann ein Lattenrichter (Abschn. 4.3) benutzt werden.

Zum Fluchten muss der Fluchtstab möglichst senkrecht gehalten werden. Hierzu wird der Pendelgriff angewendet, d. h., man fasst den Fluchtstab in Brusthöhe (deutlich über seinem Schwerpunkt) zwischen Daumen und Zeigefinger und lässt ihn frei pendeln (nicht den Boden berühren!). Hängt der Fluchtstab ruhig, wird er losgelassen und fällt auf den Boden, wo er die Position markiert. Um den Fluchtstab aufzustellen, wird er in Hüfthöhe gefasst und kräftig in den Boden gestoßen (nicht langsam hineindrücken, denn dann steht er mit Sicherheit schief!). Nun rührt man den Stab mit kreisender Armbewegung, so dass das Loch sich etwas erweitert. Anschließend stößt man den Stab erneut in das entstandene Loch etc. Die senkrechte Stellung wird mit dem Schnurlot oder dem Latten-

© Springer-Verlag GmbH Deutschland 2018

H.-U. Pfretzschner, *Messen im Gelände*, https://doi.org/10.1007/978-3-662-46262-1_4

richter überprüft und ggf. korrigiert. Auf hartem Boden benutzt man das Fluchtstabstativ.

4.2   Nivellierlatte

Nivellierlatten sind 2–3 m lange Holz- oder Aluminiumlatten, die eine Zentimeter- oder Millimeterteilung tragen. Sie werden auf einen Lattenfuß gestellt und dann mit Hilfe eines Lattenrichters senkrecht gehalten. Man peilt durch das Nivellierinstrument die Latte an und liest den Zentimeterwert auf der Latte ab, der an der Markierung im Fernrohrokular steht. Bei Latten mit Zentimeterteilung werden die Millimeter geschätzt (s. auch Abschn. 2.4.2).

4.3   Lattenrichter

Ein Lattenrichter ist eine Dosenlibelle mit einem Metall- oder Holzwinkel. Er dient zur vertikalen Ausrichtung von Fluchtstäben und Nivellierlatten. Man legt den Winkel an den Fluchtstab oder eine Kante der Nivellierlatte an, schaut von oben auf die Libellenblase und richtet den Stab bzw. die Latte so aus, dass die Blase in der mittleren, kreisförmigen Markierung zu liegen kommt.

4.4   Prismen

Dreiseit- und Pentagonprismen dienen zur genauen Absteckung von rechten Winkeln. Hierzu hängt man unten am Griff des Prismas ein Schnurlot ein, das so lang bemessen sein sollte, dass es fast den Boden berührt. Dann blickt man in das Prisma und gleichzeitig über das Prisma hinweg auf einen Fluchtstab. Eine zweite Person bewegt nun einen zweiten Fluchtstab so weit, bis er im Prisma genau als Verlängerung des ersten Fluchtstabes, den man über dem Prisma sieht, zu liegen kommt. Dann bilden der Standort und die beiden Fluchtstäbe genau einen rechten Winkel. Doppelprismen erlauben zusätzlich auch das Einfluchten zwischen zwei Fluchtstäben.

Weiterführende Literatur

Barsch H, Billwitz K (1990) Geowissenschaftliche Arbeitsmethoden. Harri Deutsch, Frankfurt am Main

Deumlich & Staiger (2002) Instrumentenkunde. Herbert Wichmann, Heidelberg

Flick H, Quade H, Stache GA (1988) Einführung in die tektonischen Arbeitsmethoden. Clausthaler Tektonische Hefte, Bd. 12. Ellen-Pilger, Clausthal-Zellerfeld

Kahmen H (1993) Vermessungskunde. Walter de Gruyter, Berlin

Kern M (1999) Geologie im Gelände. Ferdinand Encke, Stuttgart

Mc Kenn T, Manchego MV (2015) Geologie im Gelände Das Outdoor Handbuch. Springer, Berlin

Meschede M (1994) Methoden der Strukturgeologie. Ferdinand Encke, Stuttgart

Tucker M (1989) The field description of Sedimentary Rocks. Geological Society of London, Handbook Series. Open University Press, London

Wurster P, Stets J (1979) Der Bonner Profil-Stab (BPS) – ein geländegeologisches Grundgerät. Neues Jahrb Geol Palaontol 9:560–576

© Springer-Verlag GmbH Deutschland 2018   103
H.-U. Pfretzschner, *Messen im Gelände*, https://doi.org/10.1007/978-3-662-46262-1

Sachverzeichnis